ENCYCLOPÉDIE
DES
TRAVAUX PUBLICS

Fondée par M.-C. LECHALAS, Inspecteur général des Ponts et Chaussées

COURS DE L'ÉCOLE DES PONTS & CHAUSSÉES

POUSSÉE DES TERRES

STABILITÉ
DES
MURS DE SOUTÈNEMENT

PAR

JEAN RESAL
INGÉNIEUR EN CHEF, PROFESSEUR A L'ÉCOLE DES PONTS ET CHAUSSÉES

PARIS
LIBRAIRIE POLYTECHNIQUE, CH. BÉRANGER, ÉDITEUR
Successeur de BAUDRY & Cie
15, RUE DES SAINTS-PÈRES, 15
Même Maison à Liège, rue de la Régence, 21

ENCYCLOPÉDIE DES TRAVAUX PUBLICS

Fondateur : **M.-C. LECHALAS**, 108, *rue de Rennes, PARIS.*

Volumes grand in-8°, avec de nombreuses figures.

Médaille d'or à l'Exposition universelle de 1889

Exposition de 1900 (Voir pages 3 et 4 de la couverture)

OUVRAGES DE PROFESSEURS A L'ÉCOLE DES PONTS ET CHAUSSÉES

M. Bechmann. *Distributions d'eau et Assainissement.* 2e édit., 2 vol. à 20 fr....... 40 . .
M. Bricka. *Cours de chemins de fer de l'Ecole des ponts et chaussées.* 2 vol., 1343 pages
et 514 figures...
M. Colson. *Cours d'économie politique* : Tome I, 40 fr. — Tome II..................... 40 fr.
M. L. Durand-Claye. *Chimie appliquée à l'art de l'ingénieur*, en collaboration avec *MM. De-*
rôme et *Féret*, 2e édit. considérablement augmentée, 15 fr. — *Cours de routes de l'Ecole*
des ponts et chaussées, 606 pages et 234 figures, 2e édit., 20 fr. — *Lever des plans et nivelle-*
ment, en collaboration avec *MM. Pelletan* et *Lallemand*. 1 vol., 703 pages et 280 figures
(cours des Ecoles des ponts et chaussées et des mines, etc.).......................... 25 fr.
M. Flamant. *Mécanique générale* (*Cours de l'Ecole centrale*), 1 vol. de 514 pages, avec 203
figures, 20 fr. — *Stabilité des constructions et résistance des matériaux.* 2e édit., 670 pages,
avec 270 figures, 25 fr. — *Hydraulique* (*Cours de l'Ecole des ponts et chaussées*), 1 vol., 2e éd.
considérablement augmentée (Prix Montyon de mécanique)............................ 25 fr.
M. Gariel. *Traité de physique.* 2 vol., 448 figures.. 20 fr.
M. Hirsch. *Résumé du cours de machines à vapeur et locomotives.* 1 volume......... 18 fr.
M. F. Laroche. *Travaux maritimes.* 1 vol. de 490 pages, avec 116 figures et un atlas de 46
grandes planches, 40 fr. — *Ports maritimes.* 2 vol. de 1006 pages, avec 524 figures et 2
atlas de 37 planches, double in-4° (*Cours de l'Ecole des ponts et chaussées*)..... 50 fr.
M. de Mas, Inspecteur général des ponts et chaussées. *Rivières à courant libre.* 1 vol. avec
97 fig. ou planch., 17 fr. 50. — *Rivières canalisées.* 1 vol. avec 176 fig. ou planch. 17 fr. 50
M. Nivoit, Inspecteur général des mines : *Cours de géologie*, 2e édition, 1 vol. avec carte
géologique de la France...
M. M. d'Ocagne. *Géométrie descriptive et Géométrie infinitésimale* (cours de l'Ecole des
ponts et chaussées), 1 vol., 340 fig. .... 20 fr.
M. de Préaudeau, Inspect. général des P.-et-Ch., prof. à l'Ecole nat. *Procédés généraux*
de construction. Travaux d'art. Tome I, avec 508 fig. 20 fr. Tome II, avec 389 fig. 20 fr.
M. J. Résal. *Traité des Ponts en maçonnerie*, en collaboration avec *M. Degrand*. 2 vol., avec
600 figures, 40 fr. — *Traité des Ponts métalliques* 2 vol., avec 500 figures. 40 fr. —
Constructions métalliques, élasticité et résistance des matériaux : fonte, fer et acier, 1 vol.
de 652 pages, avec 203 figures, 20 fr. — Le 1er volume des *Ponts métalliques* est à sa seconde édition (revue, corrigée et très augmentée) — *Cours de ponts*, professé à l'Ecole
des ponts et chaussées, 1 vol. de 410 pages, avec 284 figures (*Etudes générales et ponts en*
maçonnerie), 14 fr. — *Cours de résistance des matériaux* (Ecole des ponts et chaussées),
120 figures, 16 fr. — *Cours de stabilité des constructions*, 240 figures, 20 fr. — *Poussée*
des terres et stabilité des murs de soutènement............................... 10 fr.

OUVRAGES DE PROFESSEURS A L'ÉCOLE CENTRALE DES ARTS ET MANUFACTURES

M. Deharme. *Chemins de fer. Superstructure* ; première partie du cours de chemins de
fer de l'Ecole centrale. 1 vol. de 696 pages, avec 310 figures et 1 atlas de 73 grandes
planches in-4° doubles (voir *Encyclopédie industrielle* pour la suite de ce cours). 50 fr.
On vend séparément : *Texte*, 15 fr.; *Atlas*, 35 fr.
M. Denfer. *Architecture et constructions civiles.* Cours d'architecture de l'Ecole centrale :
Maçonnerie. 2 vol., avec 794 figures, 40 fr. — *Charpente en bois et menuiserie.* 1 vol.,
avec 680 figures, 25 fr. — *Couverture des edifices* 1 vol., avec 423 figures, 20 fr. — *Char-*
penterie métallique, menuiserie en fer et serrurerie 2 vol., avec 1.050 figures, 40 fr. —
Fumisterie (*Chauffage et ventilation*). 1 vol. de 726 pages, avec 731 figures (numérotées
de 1 à 375, l'auteur affectant chaque groupe de figures d'un numéro seulement). 25 fr.
Plomberie : Eau, Assainissement : Gaz, 1 vol. de 568 p. avec 391 fig. .... 20 fr.
M. Dorion. *Cours d'Exploitation des mines.* 1 vol. de 692 pages, avec 1.100 figures. 25 fr.
M. Monnier. *Electricité industrielle*, cours professé à l'Ecole centrale, 2e édition considéra-
blement augmentée (*voir ci-après*), 1 vol. de 826 pages avec 404 figures........ 25 fr.
M. Me Pelletier. *Droit industriel*, cours professé à l'Ecole centrale. 1 vol........ 15 fr.
MM. E. Rouché et Brisse, anciens professeurs de géometrie descriptive à l'Ecole centrale.
Coupe des pierres. 1 vol. et un grand atlas (avec de nombreux exemples)...... 25 fr.

OUVRAGES D'UN PROFESSEUR AU CONSERVATOIRE DES ARTS ET METIERS

M. E. Rouché, membre de l'Institut. *Eléments de statique graphique.* 1 vol..... 12 fr. 50
MM. Rouché et Lucien Lévy. *Calcul infinitésimal*, 2 vol. de 557 et 829 p. (*Enc. indust.*) 15 fr.

OUVRAGES DE PROFESSEURS A L'ÉCOLE NATIONALE SUPÉRIEURE DES MINES

M. Aguillon. *Législation des mines, française et étrangère.* 2 vol.................. 38 fr.
— La *Législation française* est à sa seconde édition (très augmentée, absolument à jour
à la fin de 1903). 1 très fort volume..
— La *Législation étrangère* est en 1 vol. de.............................. 25 fr.
M. Pelletan. *Lever des plans et nivellement souterrains* (Voir ci-dessus : *Durand-Claye*). 13 fr.
M. Chesneau. *Lois générales de la Chimie.* 1 vol. avec 37 figures.................. 7 fr. 50
MM. Vicaire et Maison. *Cours de Chemins de fer de l'Ecole des Mines*............ 20 fr.

(Voir la suite ci-après)

POUSSÉE DES TERRES

STABILITÉ
DES
MURS DE SOUTÈNEMENT

Tous les exemplaires de la POUSSÉE DES TERRES *devront être revêtus de la signature de M. Jean Résal.*

ENCYCLOPÉDIE
DES
TRAVAUX PUBLICS
Fondée par M.-C. LECHALAS, Inspecteur général des Ponts et Chaussées

COURS DE L'ÉCOLE DES PONTS & CHAUSSÉES

POUSSÉE DES TERRES

STABILITÉ DES MURS DE SOUTÈNEMENT

PAR

JEAN RESAL
INGÉNIEUR EN CHEF, PROFESSEUR A L'ÉCOLE DES PONTS ET CHAUSSÉES

PARIS
LIBRAIRIE POLYTECHNIQUE, CH. BÉRANGER, ÉDITEUR
Successeur de BAUDRY & Cie
15, RUE DES SAINTS-PÈRES, 15
Même Maison à Liège, rue de la Régence, 21

1903

AVANT-PROPOS

Pour calculer la poussée des terres sur les murs de soutènement, on fait encore aujourd'hui emploi des méthodes empiriques basées sur l'hypothèse du *prisme de plus grande poussée*, qui a été formulée par *Coulomb* en 1773. La règle la plus connue et la plus usitée est celle du général *Poncelet*, qui n'exige que des constructions graphiques assez simples.

En 1856, *Rankine* s'est proposé d'établir les conditions d'équilibre intérieur d'un corps solide dépourvu de cohésion, en écartant toute hypothèse préalable et s'appuyant uniquement sur les démonstrations fondamentales de la Mécanique, rationnelle, relatives à la distribution des actions moléculaires autour d'un point dans un corps solide. Il a résolu ce problème pour le cas particulier d'un massif indéfini limité par une surface libre plane.

Quelques années plus tard, M. *Maurice Lévy*, n'ayant pas eu connaissance des travaux du professeur écossais, traita la même question et publia en 1870 une solution identique, mais présentée sous une forme différente. En outre il démontra analytiquement la fausseté et l'inutilité de l'hypothèse de *Coulomb*. Enfin il fit voir que les formules relatives au massif indéfini limité par une surface libre plane, ne fournissaient de renseignements exacts, en ce qui touche la réaction supportée par un mur de soutènement, que dans certains cas déterminés, en dehors desquels leurs indications étaient non pas précisément erronées, mais supérieures à la réalité. Le mur, corps solide et cohérent, ne joue pas le même rôle que la tranche de terrain dont il occupe la place. En raison de l'invariabilité de son plan de parement, sa présence influe sur les conditions d'équilibre intérieur du terre-plein qui lui est adossé.

Le problème de l'équilibre d'un massif sans cohésion, limité par une surface libre plane et par un plan invariable, a été abordé pour la première fois par M. *Boussinesq*. Ses calculs l'ont conduit à des équations différentielles non intégrables. Il a pu néanmoins, par une intégration approximative, obtenir une formule fournissant avec une exactitude suffisante la valeur de la poussée, mais dans le cas seulement où, la surface libre du terrain s'élevant à partir de la crête du mur, le parement de la maçonnerie opposé aux terres présente du fruit. M. *Boussinesq* a d'ailleurs défini le degré de précision de sa formule, en démontrant que la poussée était comprise entre deux limites extrêmes assez rapprochées l'une de l'autre, et adoptant la valeur intermédiaire qui correspondait au moindre écart moyen. Cette formule a servi à dresser des tables numériques pour le calcul de la poussée, que nous avons insérées en 1887 dans un ouvrage sur la *Stabilité des Voûtes*.

Nous avons dirigé nos recherches dans la voie ouverte par M. *Boussinesq*, en traitant le problème général de l'équilibre d'un massif sans cohésion limité par deux plans quelconques, surfaces libres ou surfaces de soutènement.

La question se ramène à l'étude d'une courbe particulière, *la ligne de poussée*, dont la connaissance fournit la solution rigoureuse et complète du problème. Nous avons établi l'équation différentielle de cette courbe, qui n'est pas intégrable, ainsi qu'on devait le prévoir. Mais la forme sous laquelle on l'obtient se prête à une discussion *géométrique* complète, permettant de reconnaître les propriétés caractéristiques de la courbe dans tous les cas répondant à l'énoncé général du problème D'autre part, il est possible, en recourant à un calcul par différences finies, d'utiliser cette équation différentielle pour le tracé par points des lignes de poussée.

C'est ce qui nous a permis, au prix de calculs simples mais longs et fastidieux, de déterminer les coefficients numériques de poussée pour les murs de soutènement. Les tables insérées à la fin du présent volume fournissent le moyen d'évaluer la réaction exercée sur un mur de soutènement par un terrain que définit son angle de rupture, dans tous les cas possibles d'orientation de la surface libre et du plan de soutènement : — sol s'élevant ou s'abaissant à partir de la crête ; — parement intérieur de la maçonnerie avec *fruit* ou en *surplomb*.

L'exactitude de ces renseignements numériques dépend non de l'équation initiale, qui est rigoureuse, mais de la précision des opérations numériques et des procédés d'interpolation auxquels nous avons eu recours. Comme dans les cas où la formule de M. *Boussinesq* est applicable, il y a concordance entre ses chiffres et les nôtres, nous pensons être en droit de conclure que l'erreur imputable à notre mode de calcul est du même ordre de grandeur que celle provenant de l'intégration approximative de notre devancier.

Elle est par conséquent tout à fait négligeable au point de vue des applications.

Les coefficients numériques insérés dans nos tables servent à évaluer la *poussée*, c'est-à-dire la composante horizontale de la réaction exercée sur le mur. Quant à la *direction* suivie par cette force, elle est toujours indiquée par des formules rigoureuses, d'un emploi simple et facile.

Le premier chapitre de notre ouvrage contient l'exposé didactique des formules de la Mécanique rationnelle relatives à la distribution des actions moléculaires autour d'un point, dans un plan de symétrie d'un corps dépourvu de cohésion. Nous y avons défini les *lignes de charge* et la *ligne de poussée*, dont nous aurons à nous servir ultérieurement.

Le sujet du second chapitre est le problème de l'équilibre d'un massif limité par une surface libre plane. Nous avons simplement reproduit la solution de MM. *Rankine* et *Maurice Lévy*, en ajoutant quelques applications sur la fondation des ouvrages en pleine terre et sur la compression préalable du sol, qui nous ont paru présenter de l'intérêt pour les constructeurs.

Le chapitre troisième est consacré au problème de l'équilibre d'un massif indéfini limité par deux plans. Après avoir établi l'équation différentielle de la ligne de poussée, nous en avons déduit les propriétés géométriques de cette courbe, ce qui nous a permis d'étudier ensuite l'épure générale des lignes de poussée relative à un terrain défini par son angle de frottement. Enfin nous avons traité séparément les différents cas particuliers contenus dans l'énoncé du problème : massif limité par deux surfaces libres ; — par une surface libre et par un plan invariable, qui est le parement du mur de soutènement ; — par deux plans invariables, constitués par des parements de maçonnerie. Nous avons dit quelques mots du problème relatif au massif limité par une surface libre et par deux plans invariables, divergents ou verticaux.

Ce chapitre se termine :

— Par une application des théories précédentes à la recherche des plans de glissement déterminés dans les couches terrestres par des bancs minces de terre glaise ;

— Par une critique sommaire de l'hypothèse du prisme de plus grande poussée. Nous n'avons pas jugé nécessaire de reproduire la démonstration analytique de M. *Maurice Lévy* : depuis lors, l'expérience, justifiant ses prévisions théoriques, a fait ressortir à son tour la fausseté de cette hypothèse. Nous nous sommes borné à mettre en relief l'incompatibilité du *postulatum de Coulomb* avec les démonstrations précédentes. En somme, on peut affirmer qu'actuellement cette hypothèse n'a plus de défenseurs. Si l'on continue à utiliser, faute de mieux, les méthodes empiriques qui en découlent, c'est que la formule de M. *Boussinesq* semble d'une application trop restreinte, et peut tomber en défaut dans nombre de circonstances où la règle de *Poncelet* fournit une solution, que l'on accepte sans se faire illusion sur son exactitude ;

Par quelques observations sur les recherches expérimentales relatives à la poussée des terres.

Ayant exposé dans le troisième chapitre la marche à suivre pour évaluer la réaction qu'exerce sur un mur à parement intérieur *rectiligne* un massif homogène à surface libre *plane*, il nous restait à généraliser la méthode, pour en étendre l'emploi à tous les problèmes, plus ou moins complexes, que l'on est exposé à rencontrer dans la pratique des constructions. C'est l'objet du quatrième chapitre. Il ne nous a pas été possible d'énoncer des formules rigoureuses, que l'analyse est impuissante à fournir dès que l'énoncé du problème à résoudre se complique tant soit peu.

Il a fallu se contenter de solutions approximatives, que nous avons déduites de la théorie précédente, en nous basant sur l'allure générale des lignes de charge dans les massifs considérés. L'erreur imputable à l'emploi de ces formules, qui est nulle quand on retombe sur le cas traité dans le troisième chapitre, est toujours sans importance au point de vue pratique, ainsi que nous nous en sommes assuré par des applications numériques.

On a signalé comme un avantage marqué de la construction graphique du général *Poncelet*, qu'elle se prête au calcul d'un mur adossé à un massif à surface libre accidentée. Mais cet avantage n'est qu'apparent. Abstraction faite des critiques formulées contre l'hypothèse de Coulomb, la substitution, au profil brisé du terrain et du mur, d'un profil triangulaire considéré comme équivalent, s'opère par un procédé purement arbitraire. On admet sans justification que deux prismes de plus grande poussée exercent la même action sur deux murs dont les parements offrent des inclinaisons différentes, parce que leurs sections droites ont même surface. On ne tient compte ni du déplacement subi par le centre de gravité de cette aire, ni de la déviation du plan du mur. Les résultats que l'on obtient ainsi n'ont aucun rapport avec la réalité. Il est facile de se rendre compte, par quelques applications numériques, que les indications fournies peuvent dans bien des cas être manifestement erronées et presque absurdes.

La formule que nous avons proposée pour la solution du même problème nous semble logique, et nous avons constaté en en faisant usage que ses indications ne sauraient jamais s'écarter sensiblement de la vérité. En outre, elle est infiniment plus simple et son emploi plus commode que la règle *Poncelet*, qui ne semble *à la rigueur* acceptable que pour les murs d'escarpe des fortifications, en vue desquels elle a été établie.

Nous avons traité, d'après les mêmes principes, un certain nombre de problèmes usuels : terrain divisé en couches de natures différentes ; terrain portant des surcharges ; remblai compris entre deux murs parallèles

En ce qui touche le calcul des murs à parement intérieur polygonal ou courbe, nous devons signaler que notre formule doit comporter une erreur *par défaut* sur la valeur de la poussée quand le profil est concave du côté de la terre, et une erreur *par excès* quand le profil est convexe. Toutefois ce résultat n'apparaît pas toujours dans les applications numériques, parce que l'erreur en question est de l'ordre de grandeur de celles que comporte le calcul numérique des coefficients de poussée eux-mêmes.

En ce qui touche la *butée* des terres, il faut reconnaître que la formule relative au plan de butée verticale a une tournure passablement arbitraire. Sa seule justification est de donner des indications plausibles, ainsi qu'on le voit sur les tables numériques de la page 238.

Quant à la règle relative aux surfaces de butée, obliques ou courbes, elle est basée sur l'allure des lignes de charge. En raison même de sa simplicité, elle ne peut fournir que des indications approximatives, qui dans le cas envisagé seront toujours suffisantes.

Le reste du chapitre est consacré à la recherche des dispositions les plus avantageuses à attribuer aux ouvrages de soutènement, pour assurer leur stabilité dans les conditions les plus économiques. Il a été dit quelques mots des murs d'*arrêt*, destinés à contenir les terrains en mouvement ou à maintenir les couches glissantes, dont le rôle est tout différent de celui des murs de soutènement, et motive des dispositions spéciales.

Le cinquième chapitre ne renferme que des renseignements numériques : densité et angle de frottement des terres ; coefficients de poussée ; coefficients de butée.

Il a été fait quelques applications numériques de la méthode de calcul des murs de soutènement, pour confirmer les assertions émises dans le quatrième chapitre au sujet des règles à suivre dans la détermination des profils de ces ouvrages.

Nous croyons devoir insister en terminant sur la simplicité et la brièveté des calculs que comporte notre méthode, en se servant des tables numériques que nous avons dressées. Le travail nécessaire pour l'évaluation de la poussée, dans un cas donné, est toujours bien inférieur à celui qu'exigeraient les méthodes basées sur l'hypothèse de *Coulomb*. Il y a donc tout intérêt à en faire usage, puisque d'ailleurs les résultats sont beaucoup plus sûrs.

Cette méthode est absolument générale et s'applique à toutes les circonstances de la pratique. Nous avons étudié à part un certain nombre de cas particuliers. Mais il est facile de combiner les règles spéciales qui s'y rapportent, en vue de la résolution d'un problème complexe dont l'énoncé renfermerait toutes les conditions qui ont été envisagées séparément.

Par exemple, on concevra aisément la marche à suivre pour calculer un mur à parement intérieur courbe ou polygonal (art. 36), qui serait adossé à un massif à surface libre accidentée (art. 32), divisé en couches superposées de nature différente (art. 33), portant des surcharges (art. 34) et enfin noyé par une nappe d'eau sur une partie de sa hauteur (art. 46) Les opérations numériques seraient un peu longues et laborieuses, mais on aurait la certitude d'arriver à un résultat suffisamment exact et répondant à toutes des données de la question.

CHAPITRE PREMIER

FORMULES GÉNÉRALES

RELATIVES A

L'ÉQUILIBRE ÉLASTIQUE D'UN CORPS DÉPOURVU DE COHÉSION

SOMMAIRE :

1. Distribution des actions moléculaires autour d'un point, dans un plan de symétrie du corps. — 2. Angle maximum de glissement. — 3. Actions moléculaires conjuguées. — 4. Lignes de charge. — Calcul graphique. — 6. Angle de frottement, de rupture ou du talus naturel des terres. — 7. Equilibre limite d'un massif. Lignes de rupture. — 8. Poussée. — 9. Ligne de poussée.

CHAPITRE PREMIER

FORMULES GÉNÉRALES

RELATIVES A

L'ÉQUILIBRE ÉLASTIQUE D'UN CORPS DÉPOURVU DE COHÉSION

---

1. Distribution des actions moléculaires autour d'un point, dans un plan de symétrie du corps. — Admettons que la symétrie existe au double point de vue de la forme *géométrique du corps*, supposé homogène, et de la distribution des forces extérieures qui le sollicitent. Il est de toute évidence que le plan de symétrie coïncidera, pour un quelconque de ses points, avec un des trois plans principaux communs à l'ellipsoïde et à la surface directrice des actions moléculaires. La symétrie exige, en effet, qu'une action moléculaire située dans ce plan soit conjuguée d'un plan normal à celui-ci.

Soient Ox, Oy et Oz les traces, sur le plan de symétrie, de trois plans qui lui sont perpendiculaires, et dont les deux premiers sont rectangulaires entre eux (fig. 1).

Les actions moléculaires conjuguées de ces trois plans sont situées dans le plan de symétrie, pris pour plan de la figure. Nous désignerons par les lettres suivantes leurs composantes normales et tangentielles :

Plan Ox : action normale Y ; action tangentielle V.

Plan Oy : action normale X ; action tangentielle V, égale à la précédente en vertu d'un théorème connu.

Plan Oz : action normale n ; action tangentielle t.

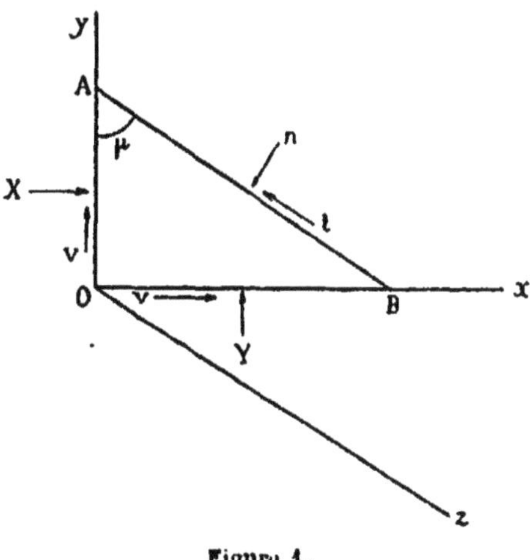

Figure 1.

Considérons un prisme droit ayant pour base le triangle AOB formé par les traces des deux plans rectangulaires, et par l'hypothénuse AB parallèle à Oz. Nous attribuerons à ce prisme une hauteur égale à l'unité.

Nous prendrons pour unité la longueur de l'hypothénuse AB, et désignerons par μ l'angle BAO : la longueur du côté AO sera égale à $\cos \mu$, et celle du côté BO à $\sin \mu$.

Les bases du prisme étant parallèles au plan de symétrie, qui est un plan principal, les actions moléculaires correspondantes sont perpendiculaires au plan de la figure. Pour que le prisme soit en équilibre, il faut donc que les forces intérieures situées dans le plan de la figure, qui sont appliquées sur les trois faces latérales AB, OA et OB, aient une résultante nulle. La grandeur de chacune de ces forces s'obtiendra en multipliant son intensité X, Y, V, n ou t, par l'aire de la face qu'elle sollicite : soit 1 pour la face AB, cos μ pour la face AO, et sin μ pour la face OB. En égalant séparément à zéro les sommes des projections de ces forces intérieures sur les deux axes Ox et Oy, on obtiendra les deux conditions d'équilibre élastique :

$$X \cos \mu + V \sin \mu = n \cos \mu + t \sin \mu ;$$
$$Y \sin \mu + V \cos \mu = n \sin \mu - t \cos \mu .$$

D'où :

$$n = X \cos^2 \mu + Y \sin^2 \mu ;$$
$$t = (X - Y) \sin \mu \cos \mu - V (\cos^2 \mu - \sin^2 \mu).$$

Ces relations sont indépendantes de toute hypothèse sur l'angle μ ; on peut donc attribuer à celui-ci les valeurs particulières définies par la condition :

$$\operatorname{tg} 2\mu = \frac{2V}{X - Y}.$$

L'action tangentielle est alors nulle, et nous obtenons deux valeurs de l'angle μ, différant de $\frac{\pi}{2}$, qui correspondent aux directions rectangulaires des deux actions moléculaires principales situées dans le plan de symétrie.

Modifions la figure en prenant pour axes des x et des y les directions mêmes de ces actions principales, dont nous désignerons les intensités par les lettres a et b.

Les équations d'équilibre élastique deviennent, en supprimant les termes où entre comme facteur l'action tangentielle V, qui est nulle, et remplaçant X par a et Y par b :

$$a \cos \mu = n \cos \mu + t \sin \mu ;$$
$$b \sin \mu = n \sin \mu - t \cos \mu ;$$
$$n = a \cos^2 \mu + b \sin^2 \mu ;$$
$$t = (a - b) \sin \mu \cos \mu.$$

Désignons : par s l'action moléculaire conjuguée du plan AB, qui a pour composante normale n et pour

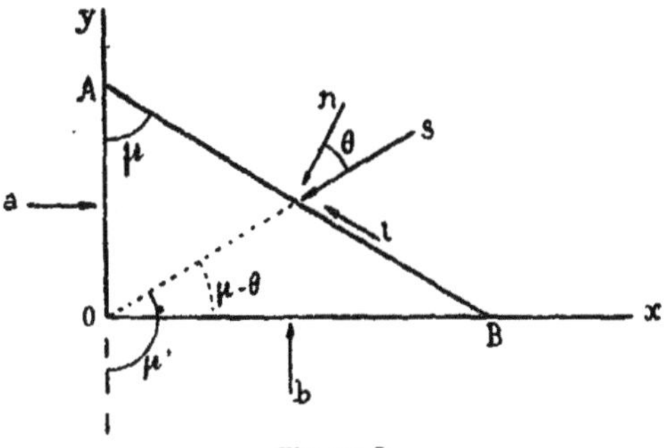

Figure 2.

composante tangentielle t ; par θ l'angle que fait la direction OS avec la normale n à son plan conjugué ; par μ' l'angle que fait la droite OS avec la droite AO.

On a :

$$S = \sqrt{n^2 + t^2} = \sqrt{a^2 \cos^2 \mu + b^2 \sin^2 \mu} ;$$

$$\operatorname{tg} \theta = \frac{t}{n} = \frac{(a - b) \sin \mu \cos \mu}{a \cos^2 \mu + b \sin^2 \mu}.$$

La projection x de la force s sur l'axe OB est égale à $n \cos \mu + t \sin \mu$, ou $a \cos \mu$; sa projection y sur l'axe OA est égale à $n \sin \mu - t \cos \mu$, ou $b \sin \mu$.

D'où :

$$\frac{x^2}{a^2} + \frac{y^2}{b^2} = \cos^2 \mu + \sin^2 \mu = 1.$$

C'est l'équation de l'*ellipse des actions moléculaires*,

située dans le plan de symétrie du corps et relative au point O.

On a d'autre part :

$$\theta = \pi - \mu' - \left(\frac{\pi}{2} - \mu\right) = \frac{\pi}{2} - \mu' + \mu.$$

D'où :

$$\operatorname{tg}(\mu' - \mu) = \frac{\operatorname{tg}\mu' - \operatorname{tg}\mu}{1 + \operatorname{tg}\mu' \operatorname{tg}\mu} = \operatorname{cotg}\theta = \frac{a\cos^2\mu + b\sin^2\mu}{(a-b)\sin\mu\cos\mu}$$

On en conclut que : $\operatorname{tg}\mu \operatorname{tg}\mu' = -\frac{a}{b}$.

Cela signifie que les directions OS et AB sont celles de deux diamètres conjugués de la courbe du second degré : $\frac{x^2}{a} + \frac{y^2}{b} =$ constante K.

C'est la *courbe directrice des actions moléculaires*, située dans le plan de symétrie du corps et relative au point O. Cette courbe est une ellipse si les deux actions principales a et b sont de même signe. Elle se compose de deux hyperboles conjuguées si l'une des actions est une tension, et l'autre une pression.

Dans un corps dépourvu de cohésion, les actions moléculaires normales ne peuvent être que des pressions, puisqu'un travail élastique d'extension, quelque faible qu'il pût être, déterminerait immédiatement la disjonction des molécules, et par suite la rupture de l'équilibre. Dans le cas particulier que nous allons étudier, a et b sont donc de même signe, et la courbe directrice est une ellipse.

Pour fixer les idées, nous admettrons que la plus grande des deux actions moléculaires principales est la force a.

Comme nous n'aurons à envisager que des actions normales de compression, nous leur attribuerons le signe +, pour simplifier les formules.

2. Angle maximum de glissement. — Proposons-nous de déterminer, en fonction des actions principales a et b, la valeur maximum η, *angle de plus grand glissement*, que peut atteindre l'angle θ de l'action moléculaire s avec la normale à son plan conjugué AB, quand on fait pivoter celui-ci autour du point O.

On a :

$$\text{tg}\,\theta = \frac{(a-b)\sin\mu\cos\mu}{a\cos^2\mu + b\sin^2\mu}.$$

En égalant à zéro la dérivée de cette expression par rapport à l'angle μ, on reconnaît que le maximum de tg θ correspond à deux valeurs particulières χ et χ' de l'angle μ, fournies par les relations :

$$\text{tg}\,\chi = +\sqrt{\frac{a}{b}};\ \text{tg}\,\chi' = -\sqrt{\frac{a}{b}}.$$

D'où, en substituant dans l'expression de tg θ :

$$\text{tg}\,\eta = \pm\frac{a-b}{2\sqrt{ab}};\ \sin\eta = \pm\frac{a-b}{a+b};\ \cos\eta = \frac{2\sqrt{ab}}{a+b}.$$

On a d'autre part : $\text{tg}\,2\chi = \frac{2\sqrt{ab}}{b-a} = -\,\text{cotg}\,\eta.$

D'où :

$$\chi = \frac{\pi}{4} + \frac{\eta}{2}.$$

On trouverait de même : $\chi' = -\left(\frac{\pi}{4} + \frac{\eta}{2}\right).$

Cela signifie que les deux directions correspondant à l'angle de glissement maximum η, que nous appellerons simplement les *directions de glissement*, sont des diamètres conjugués de la courbe directrice, puisque l'on a : $\text{tg}\,\chi\,\text{tg}\,\chi' = -\frac{a}{b}$. La direction OA de la plus petite action principale b est la bissectrice de l'angle obtus $\frac{\pi}{2} + \eta$ formé par les directions de glissement.

La direction OB de la plus grande action principale a est la bissectrice de leur angle aigu $\frac{\pi}{2} - \eta$.

3. Actions moléculaires conjuguées. — Deux actions moléculaires sont conjuguées lorsque chacune est parallèle au plan sur lequel l'autre est appliquée. L'angle θ a même valeur pour toutes deux, et leurs directions, qui sont conjuguées dans la courbe directrice, font entre elles l'angle aigu $\frac{\pi}{2} - \theta$.

Cet angle varie entre la limite inférieure $\frac{\pi}{2} - \eta$ (directions de glissement), et la limite supérieure $\frac{\pi}{2}$ (directions principales).

Eliminons l'angle μ entre les deux équations d'équilibre élastique :

$$n = s \cos \theta = a \cos^2 \mu + b \sin^2 \mu ;$$
$$t = s \sin \theta = (a - b) \sin \mu \cos \mu.$$

On trouve :

$$\sin^2 \mu = \frac{a - s \cos \theta}{a - b} ; \cos^2 \mu = \frac{s \cos \theta - b}{a - b} ;$$

$$s \sin \theta = \sqrt{(a - s \cos \theta)(s \cos \theta - b)}.$$

D'où :

$$s = \frac{a + b}{2} \left(\cos \theta \pm \sqrt{\cos^2 \theta - \left(\frac{4\,ab}{a + b} \right)^2} \right)$$
$$= \frac{a + b}{2} \left(\cos \theta \pm \sqrt{\cos^2 \theta - \cos^2 \eta} \right).$$

Le double signe $\pm$ correspond aux valeurs s' et s'' des deux actions conjuguées qui ont la même inclinaison θ sur les normales à leurs plans d'application.

Le rapport de la plus petite à la plus grande de ces forces intérieures est :

$$\frac{s'}{s''}=\frac{\cos\theta-\sqrt{\cos^2\theta-\cos^2\eta}}{\cos\theta+\sqrt{\cos^2\theta-\cos^2\eta}}.$$

Proposons-nous de déterminer, en fonction de θ et η, l'angle que fait la direction de la plus grande s'' de ces actions conjuguées avec la direction de la plus grande a des actions principales. C'est l'angle SOB de la figure 2, qui est égal à $\mu-\theta$.

Désignons par ε un angle auxiliaire défini par la relation :

$$\sin\varepsilon=\frac{\sin\theta}{\sin\eta}.$$

D'où :

$$\cos^2\theta-\cos^2\eta=\sin^2\eta-\sin^2\theta=\sin^2\eta\,(1-\sin^2\varepsilon)$$
$$=\sin^2\eta\cos^2\varepsilon\,;$$

et par conséquent :

$$s''=\frac{a+b}{2}\left(\cos\theta+\sqrt{\cos^2\theta-\cos^2\eta}\right)$$
$$=\frac{a+b}{2}(\cos\theta+\sin\eta\cos\varepsilon).$$

On a d'autre part :

$$\cos2\mu=\cos^2\mu-\sin^2\mu=\frac{2s''\cos\theta-a-b}{a-b}$$
$$=\frac{a+b}{a-b}(\sin\eta\cos\theta\cos\varepsilon-\sin^2\theta)$$
$$=\frac{1}{\sin\eta}(\sin\eta\cos\varepsilon\cos\theta-\sin^2\theta)$$
$$=\cos\varepsilon\cos\theta-\frac{\sin^2\theta}{\sin\eta}$$
$$=\cos\varepsilon\cos\theta-\sin\theta\sin\varepsilon=\cos(\varepsilon+\theta).$$

D'où :

$$\mu=\frac{\varepsilon+\theta}{2},\ \text{et}\ \mu-\theta=\frac{\varepsilon-\theta}{2}.$$

En définitive, l'angle mutuel de la plus grande s'' des deux actions conjuguées et de la plus grande a des actions principales est égal à $\frac{\varepsilon-\theta}{2}$.

Or nous savons déjà que les angles de cette plus grande action principale et des deux directions de glissement ont pour valeurs $\pm\left(\frac{\pi}{4}-\frac{\eta}{2}\right)$. Nous en concluerons que la direction de la plus grande des deux actions conjuguées définies par l'angle θ, est située dans l'angle aigu $\left(\frac{\pi}{2}-\eta\right)$ des directions de glissement, et divise cet angle en deux parties dont l'une est égale à $\frac{1}{2}\left(\frac{\pi}{2}-\eta+\varepsilon-\theta\right)$, et l'autre à $\frac{1}{2}\left(\frac{\pi}{2}-\eta-\varepsilon+\theta\right)$.

La direction de la plus petite s' des deux actions, qui fait l'angle aigu $\frac{\pi}{2}-\theta$ avec sa conjuguée s'', est située dans l'angle obtus $\left(\frac{\pi}{2}+\eta\right)$ des directions de glissement, et divise cet angle en deux parties, dont l'une est $\frac{1}{2}\left(\frac{\pi}{2}+\eta-\varepsilon-\theta\right)$ et l'autre $\frac{1}{2}\left(\frac{\pi}{2}+\eta+\varepsilon+\theta\right)$.

4. Lignes de charge. — Dans les recherches relatives à la poussée des terres, nous aurons toujours à considérer deux directions conjuguées particulières, dont une est la verticale. Nous qualifierons l'autre de direction de la *ligne de charge*, et définirons son orientation par l'angle ω qu'elle fait avec l'horizontale, et qui est par conséquent celui de sa normale avec la direction verticale de l'action moléculaire correspondante.

On obtiendra les formules relatives à ces deux directions conjuguées en substituant ω à θ dans les relations énoncées à l'article précédent.

Comme l'angle θ a pour limite supérieure l'angle de glissement maximum η, nous en concluerons immédiatement que l'inclinaison ω de la ligne de charge sur l'horizontale ne peut dépasser η.

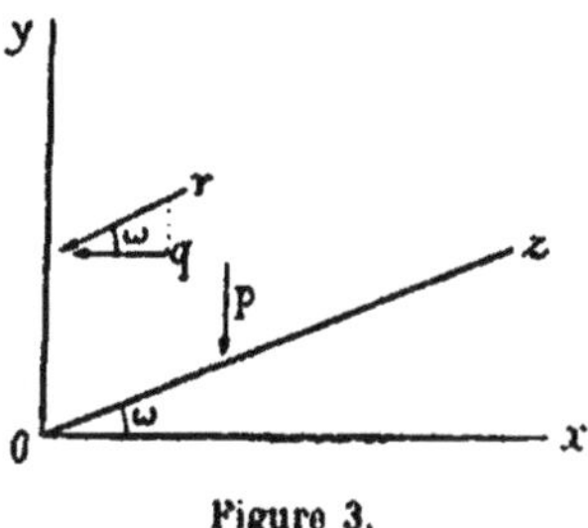

Figure 3.

Soient r et p les actions moléculaires relatives à la verticale Oy et à la ligne de charge Oz. Leur rapport mutuel sera fourni par l'une des deux formules :

$$\text{si } r < p : \frac{r}{p} = \frac{\cos\omega - \sqrt{\cos^2\omega - \cos^2\eta}}{\cos\omega + \sqrt{\cos^2\omega - \cos^2\eta}} ;$$

$$\text{si } r > p : \frac{r}{p} = \frac{\cos\omega + \sqrt{\cos^2\omega - \cos^2\eta}}{\cos\omega - \sqrt{\cos^2\omega - \cos^2\eta}} .$$

Il existe ainsi deux états d'équilibre élastique du corps compatibles avec l'angle de glissement η et l'inclinaison ω de la ligne de charge.

Au lieu de considérer l'action moléculaire r, parallèle à la ligne de charge et inclinée de ω sur l'horizontale, il nous sera plus commode d'introduire dans les calculs sa projection horizontale q, que nous qualifierons de *poussée élémentaire* relative au point O.

On a :

$$q = r \cos\omega.$$

La poussée élémentaire q et la charge élémentaire p sont liées par une des relations suivantes, correspondant aux deux états d'équilibre compatibles avec les données η et ω : si $q < p \cos \omega$,

$$q = p \cos \omega \frac{\cos \omega - \sqrt{\cos^2 \omega - \cos^2 \eta}}{\cos \omega + \sqrt{\cos^2 \omega - \cos^2 \eta}}$$

$$= p \cos \omega \frac{\cos \omega - \sin \eta \cos \varepsilon}{\cos \omega + \sin \eta \cos \varepsilon}$$

$$= p \cos \omega f(\omega . \eta).$$

Si $q > p \cos \omega$:

$$q = p \cos \omega \frac{\cos \omega + \sqrt{\cos^2 \omega - \cos^2 \eta}}{\cos \omega - \sqrt{\cos^2 \omega - \cos^2 \eta}}$$

$$= p \cos \omega \frac{\cos \omega + \sin \eta \cos \varepsilon}{\cos \omega - \sin \eta \cos \varepsilon}$$

$$= p \cos \omega \, F(\omega . \eta).$$

On sait que l'angle auxiliaire ε est défini par la condition : $\sin \varepsilon = \frac{\sin \omega}{\sin \eta}$.

Les notations $f(\omega . \eta)$ et $F(\omega . \eta)$ servent uniquement à abréger les formules.

L'une de ces fonctions est l'inverse de l'autre : $F(\omega . \eta) = \frac{1}{f(\omega . \eta)}$.

Les angles que font avec la verticale les deux directions de glissement ont pour expressions : dans l'état d'équilibre avec poussée minimum ($q < p \cos \omega$) :

$$\frac{1}{2}\left(\frac{\pi}{2} - \eta\right) \pm \frac{\varepsilon - \omega}{2} ;$$

dans l'état d'équilibre avec poussée maximum ($q > p \cos \omega$) :

$$\frac{1}{2}\left(\frac{\pi}{2} + \eta\right) \pm \frac{\varepsilon + \omega}{2}.$$

Une construction géométrique très simple permet de tracer les deux directions de glissement pour chacun des deux états d'équilibre définis par les données η et ω.

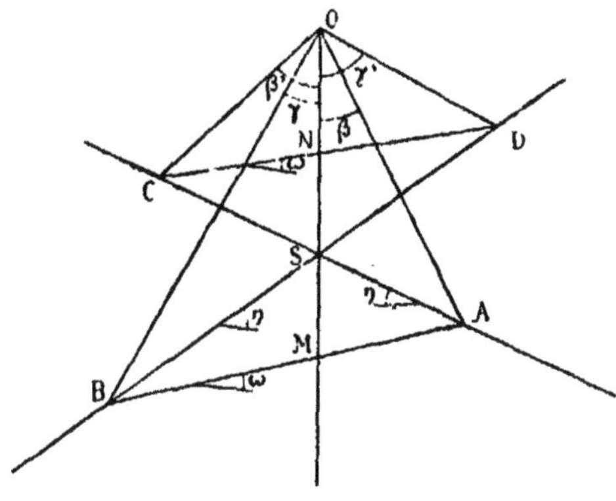

Figure 4.

Portons sur une verticale, à partir d'un pôle O, les distances :

$$OM = \frac{1}{\cos\omega}\sqrt{\frac{\cos\omega + \sin\eta\cos\varepsilon}{\cos\omega - \sin\eta\cos\varepsilon}} = \frac{1}{\cos\omega}\sqrt{F(\omega, \eta)};$$

$$OS = \frac{1}{\cos\eta};$$

$$ON = \frac{1}{\cos\omega}\sqrt{\frac{\cos\omega - \sin\eta\cos\varepsilon}{\cos\omega + \sin\eta\cos\varepsilon}} = \frac{1}{\cos\omega}\sqrt{f(\omega, \eta)}.$$

Menons par le point S deux droites en croix, faisant avec l'horizontale les angles $+\eta$ et $-\eta$; puis, par les points M et N, deux droites inclinées de ω sur l'horizontale, qui seront par conséquent des lignes de charge.

Soient A, B, C et D leurs points de rencontre avec les lignes en croix.

Les droites OA et OB seront les directions de glissement correspondant au premier état d'équilibre, avec poussée minimum.

Les droites OC et OD seront les directions de glissement correspondant au second état d'équilibre, avec poussée maximum.

On aura donc :

Si $p < q \cos\omega$: $\widehat{AOM} = \beta = \frac{1}{2}\left(\frac{\pi}{2} - \eta\right) - \frac{\varepsilon - \omega}{2}$;

$\widehat{BOM} = \gamma = \frac{1}{2}\left(\frac{\pi}{2} - \eta\right) + \frac{\varepsilon - \omega}{2}$;

Si $q > p \cos\omega$: $\widehat{CON} = \beta' = \frac{1}{2}\left(\frac{\pi}{2} + \eta\right) - \frac{\varepsilon + \omega}{2}$;

$\widehat{DON} = \gamma' = \frac{1}{2}\left(\frac{\pi}{2} + \eta\right) + \frac{\varepsilon + \omega}{2}$.

Nous nous contenterons de le démontrer pour un de ces angles, par exemple $\widehat{AOM}$ ou β.

On a, dans le triangle AOS :

$$\frac{OS}{OA} = \frac{\sin \widehat{OAS}}{\sin \widehat{ASO}} = \frac{\sin\left(\frac{\pi}{2} - \eta - \beta\right)}{\sin\left(\frac{\pi}{2} + \eta\right)} = \frac{\cos(\eta + \beta)}{\cos\eta}.$$

On a, dans le triangle AOM :

$$\frac{OA}{OM} = \frac{\sin \widehat{AMO}}{\sin \widehat{OAM}} = \frac{\sin\left(\frac{\pi}{2} - \omega\right)}{\sin\left(\frac{\pi}{2} + \omega - \beta\right)} = \frac{\cos\omega}{\cos(\omega - \beta)}.$$

D'ou :

$$\frac{OS}{OM} = \frac{\cos\omega}{\cos\eta} \cdot \frac{\cos(\eta + \beta)}{\cos(\omega - \beta)}.$$

Mais, en vertu de l'énoncé du problème, on a déjà :

$$\frac{OS}{OM} = \frac{\cos\omega}{\cos\eta}\sqrt{\frac{\cos\omega - \sin\eta\cos\varepsilon}{\cos\omega + \sin\eta\cos\varepsilon}}.$$

Nous allons faire voir que pour satisfaire à l'égalité

$$\frac{\cos(\eta + \beta)}{\cos(\omega - \beta)} = \sqrt{\frac{\cos\omega - \sin\eta\cos\varepsilon}{\cos\omega + \sin\eta\cos\varepsilon}},$$

il suffit de poser :

$$\beta = \frac{1}{2}\left(\frac{\pi}{2} - \eta\right) - \frac{\varepsilon - \omega}{2}.$$

On a, en effet, dans cette hypothèse :

$$\cos(\eta + \beta) = \cos\left(\frac{\pi}{4} + \frac{\eta}{2} - \frac{\varepsilon}{2} + \frac{\omega}{2}\right);$$

$$\cos(\omega - \beta) = \cos\left(\frac{\pi}{4} - \frac{\eta}{2} - \frac{\varepsilon}{2} - \frac{\omega}{2}\right).$$

On ramènera l'égalité précédente à une identité au moyen des transformations trigonométriques suivantes :

$$\sqrt{\frac{\cos\omega - \sin\eta\cos\varepsilon}{\cos\omega + \sin\eta\cos\varepsilon}} = \frac{\cos\left(\frac{\pi}{4} + \frac{\eta}{2} - \frac{\varepsilon}{2} + \frac{\omega}{2}\right)}{\cos\left(\frac{\pi}{4} - \frac{\eta}{2} - \frac{\varepsilon}{2} - \frac{\omega}{2}\right)};$$

$$\frac{\cos\omega - \sin\eta\cos\varepsilon}{\cos\omega + \sin\eta\cos\varepsilon} = \frac{\cos^2\left(\frac{\pi}{4} + \frac{\eta}{2} - \frac{\varepsilon}{2} + \frac{\omega}{2}\right)}{\cos^2\left(\frac{\pi}{4} - \frac{\eta}{2} - \frac{\varepsilon}{2} - \frac{\omega}{2}\right)}$$

$$= \frac{1 + \cos\left(\frac{\pi}{2} + \eta - \varepsilon + \omega\right)}{1 + \cos\left(\frac{\pi}{2} - \eta - \varepsilon - \omega\right)}$$

$$= \frac{1 + \sin\varepsilon\cos(\eta + \omega) - \sin(\eta + \omega)\cos\varepsilon}{1 + \sin\varepsilon\cos(\eta + \omega) + \sin(\eta + \omega)\cos\varepsilon},$$

$$\frac{\cos\omega}{\sin\eta\cos\varepsilon} = \frac{1 + \sin\varepsilon\cos(\eta + \omega)}{\sin(\eta + \omega)\cos\varepsilon};$$

$$\cos\omega\sin(\eta + \omega) = \sin\eta + \sin\eta\sin\varepsilon\cos(\eta + \omega).$$

Or

$$\sin\varepsilon\sin\eta = \sin\omega,$$

en vertu de la définition de l'angle auxiliaire ε.

D'où :

$$\sin\eta = \sin(\eta + \omega)\cos\omega - \sin\omega\cos(\eta + \omega),$$

ce qui est une identité.

Cette construction géométrique, qui fournit les directions de glissement correspondant aux données η et ω, jouera un rôle important dans nos recherches ultérieures.

Si l'on connait d'une part les angles η et ω, et d'autre part l'une des actions moléculaires q et p (poussée élémentaire et charge élémentaire), on calculera l'autre par une des formules énoncées précédemment.

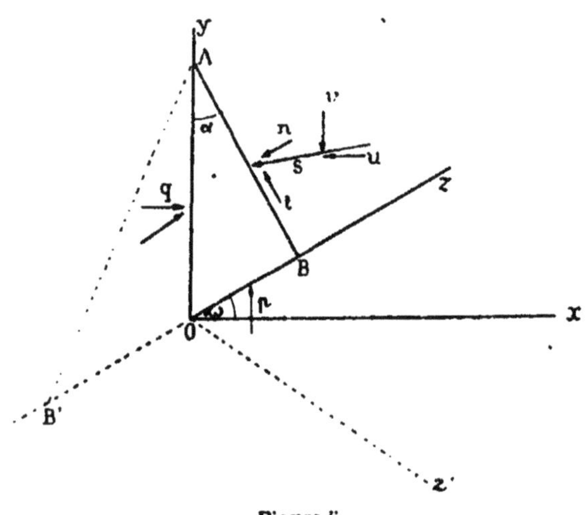

Figure 5.

On pourra aussi déterminer l'intensité et la direction de la force intérieure s relative à un plan quelconque AB, défini par son angle α avec la verticale (fig. 5).

Pour fixer les idées, nous attribuerons le signe + à l'angle ω si la ligne de charge s'élève à partir du point O dans la direction des x positifs (droite Oz) et le signe — dans l'hypothèse contraire (droite Oz'). L'angle α sera positif si la droite oblique AB est du côté des x positifs, et négatif dans l'hypothèse contraire (droite AB').

Les équations d'équilibre élastique du prisme droit ayant pour base le triangle A B O, s'écrivent comme il suit, en prenant pour unité la longueur du côté A B, et désignant par n et t les composantes normale et tangentielle de l'action moléculaire s ; par u et v ses composantes horizontale et verticale :

$$u = n\cos\alpha + t\sin\alpha = q \times \text{OA} = q\,\frac{\cos(\alpha - \omega)}{\cos\omega};$$

$$v = n\sin\alpha - t\cos\alpha = q\,\text{tg}\,\omega \times \text{OA} + p \times \text{OB}$$

$$= q\,\text{tg}\,\omega.\,\frac{\cos(\alpha - \omega)}{\cos\omega} + p\,\frac{\sin\alpha}{\cos\omega}.$$

D'où :

$$n = q\,\frac{\cos^2(\alpha - \omega)}{\cos^2\omega} + p\,\frac{\sin^2\alpha}{\cos\omega};$$

$$t = q\,\frac{\sin 2(\alpha - \omega)}{2\cos^2\omega} - p\,\frac{\sin 2\alpha}{2\cos\omega}.$$

L'angle θ de la force s avec la normale à son plan conjugué a pour expression :

$$\text{tg}\,\theta = \frac{t}{n}.$$

L'angle $(\alpha - \theta)$ de cette force avec l'horizontale a pour expression :

$$\text{tg}(\alpha - \theta) = \frac{v}{u}.$$

Des calculs fort simples, que nous jugeons inutile de reproduire ici, montrent que les actions principales a et b, et l'action moléculaire c relative à un plan de glissement, ont pour expressions analytiques :

Premier état d'équilibre avec poussée minimum ($q < p\cos\omega$) :

$$a = \frac{p(1 + \sin\eta)}{\cos\omega + \sqrt{\cos^2\omega - \cos^2\eta}};$$

$$b = \frac{p\,(1 - \sin \eta)}{\cos \omega + \sqrt{\cos^2 \omega - \cos^2 \eta}};$$

$$c = \frac{p \cos \eta}{\cos \omega + \sqrt{\cos^2 \omega - \cos^2 \eta}}.$$

Deuxième état d'équilibre avec poussée maximum ($q > p \cos \omega$) :

$$a = \frac{p\,(1 + \sin \eta)}{\cos \omega - \sqrt{\cos^2 \omega - \cos^2 \eta}};$$

$$b = \frac{p\,(1 - \sin \eta)}{\cos \omega - \sqrt{\cos^2 \omega - \cos^2 \eta}};$$

$$c = \frac{p \cos \eta}{\cos \omega - \sqrt{\cos^2 \omega - \cos^2 \eta}}.$$

On peut obtenir une nouvelle expression de tg θ en utilisant une formule énoncée à l'article 2, page 6 :

$$\mathrm{tg}\,\theta = \frac{(a - b) \sin \mu \cos \mu}{a \cos^2 \mu + b \sin^2 \mu}.$$

Dans le premier état d'équilibre on a :

$$\mu = \frac{\pi}{2} - \alpha + \left(\frac{\beta - \gamma}{2}\right) = \frac{\pi}{2} - \alpha - \frac{\varepsilon}{2} + \frac{\omega}{2}.$$

D'où :

$$\mathrm{tg}\,\theta = \frac{2 \sin \eta \sin \mu \cos \mu}{1 + \sin \eta\,(\cos^2 \mu - \sin^2 \mu)} = \frac{\sin \eta \sin (2\alpha - \beta + \gamma)}{1 - \sin \eta \cos (2\alpha - \beta + \gamma)}$$

$$= \frac{\sin \eta \sin (2\alpha + \varepsilon - \omega)}{1 - \sin \eta \cos (2\alpha + \varepsilon - \omega)}.$$

Pour $\alpha = \beta$, on trouve bien :

$$\mathrm{tg}\,\theta = \mathrm{tg}\,\varphi;$$

et pour $\alpha = -\gamma$:

$$\mathrm{tg}\,\theta = -\mathrm{tg}\,\varphi.$$

Dans le second état d'équilibre on a :

$$\mu = \alpha + \frac{\beta' - \gamma'}{2} = \alpha - \frac{\varepsilon + \omega}{2}.$$

$$\operatorname{tg} \theta = \frac{2 \sin \eta \cos \mu \sin \mu}{1 + \sin \eta (\cos^2 \mu - \sin^2 \mu)} = \frac{\sin \eta \sin (2\alpha + \beta' - \gamma')}{1 + \sin \eta \cos (2\alpha + \beta' - \gamma')}$$

$$= \frac{\sin \eta \sin (2\alpha - \varepsilon - \omega)}{1 + \sin \eta \cos (2\alpha - \varepsilon - \omega)}.$$

Pour $\alpha = \gamma'$, on trouve bien :

$$\operatorname{tg} \theta = \operatorname{tg} \varphi;$$

et pour $\alpha = -\beta'$:

$$\operatorname{tg} \theta = -\operatorname{tg} \varphi.$$

Quand l'angle θ a une valeur positive, ce résultat signifie que la composante verticale de s' est orientée de haut en bas, comme la pesanteur. La composante est dirigée de bas en haut quand l'angle θ est négatif.

5. Calcul graphique. — L'emploi des formules énoncées dans l'article précédent nécessite des opérations numériques assez laborieuses, auxquelles on peut sub-

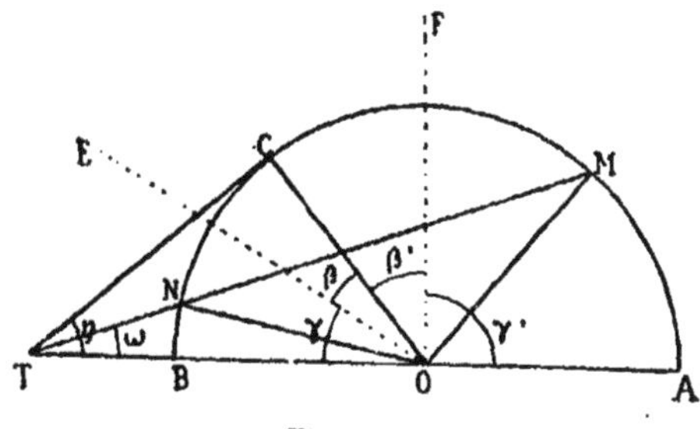

Figure 6.

stituer, si on le juge préférable, des constructions géométriques simples, imaginées par *M. Maurice d'Ocagne*.

Considérons un demi-cercle ayant l'unité pour rayon. Menons la tangente TC faisant l'angle η avec le diamètre de base AOB de ce demi-cercle. L'angle $\widehat{TOC}$ est égal à $\frac{\pi}{2} - \eta$ ou $\beta + \gamma$, et l'angle $\widehat{COA}$ est égal à $\frac{\pi}{2} + \eta$ ou $\beta' + \gamma'$.

Menons la sécante TNM faisant l'angle ω avec le diamètre de base AB, et les rayons ON et OM.

On a, dans le triangle TMO :

$$\frac{\sin \widehat{OTM}}{\sin \widehat{OMT}} = \frac{OM}{OT} = \frac{OC}{OT} = \sin \eta.$$

Or l'angle $\widehat{OTM}$ est ω, et l'on a d'autre part :

$$\widehat{OMT} = \pi - \widehat{OTM} - \widehat{COT} - \widehat{COM}.$$

Admettons que l'angle $\widehat{COM}$ soit égal à $2\beta'$: la relation précédente devient :

$$\frac{\sin \omega}{\sin\left(\frac{\pi}{2} - \omega + \eta - 2\beta'\right)} = \sin \eta ;$$

$$\sin\left(\frac{\pi}{2} - \omega + \eta - 2\beta'\right) = \frac{\sin \omega}{\sin \eta} = \sin \varepsilon ;$$

$$\frac{\pi}{2} - \omega + \eta - 2\beta' = \varepsilon ;$$

$$\beta' = \frac{1}{2}\left(\frac{\pi}{2} + \eta\right) - \frac{\varepsilon + \omega}{2},$$

ce qui est précisément une formule démontrée dans l'article précédent.

En appliquant la même méthode au triangle $\widehat{NOT}$, on constaterait que l'angle $\widehat{CON}$ est égal à 2β.

Menons les bisectrices OE et OF des angles $\widehat{CON}$ et $\widehat{COM}$. L'épure nous fournira immédiatement les renseignements suivants :

$$B\widehat{O}N = \gamma - \beta;\ B\widehat{O}E = \gamma;\ E\widehat{O}C = \beta;\ B\widehat{O}C = \beta + \gamma;$$

$$C\widehat{O}F = \beta';\ F\widehat{O}A = \gamma';\ M\widehat{O}A = \gamma' - \beta';\ C\widehat{O}A = \beta' + \gamma'.$$

On a d'autre part, en vertu des propriétés géométriques des sécantes du cercle :

$$TN \times TM = TB \times TA = \left(\frac{1}{\sin \eta} - 1\right)\left(\frac{1}{\sin \eta} + 1\right);$$

$$TN + TM = (TB + TA) \cos \omega = \frac{2 \cos \omega}{\sin \eta}.$$

D'où :

$$TN = \frac{1}{\sin \eta}\left(\cos \omega - \sqrt{\cos^2 \omega - \cos^2 \eta}\right);$$

$$TM = \frac{1}{\sin \eta}\left(\cos \omega + \sqrt{\cos^2 \omega - \cos^2 \eta}\right).$$

Le rapport $\frac{TN}{TM}$ est égal à celui $\frac{r}{p}$ des deux actions moléculaires conjuguées relatives à la verticale et à la ligne de charge d'inclinaison ω, si l'on se place dans l'hypothèse $r < p$.

Dans l'hypothèse contraire, le rapport $\frac{TN}{TM}$ est égal à $\frac{p}{r}$.

En conséquence, l'épure de la figure 6 permet de déterminer, par une simple proportion géométrique, l'intensité de l'une de ces actions moléculaires, quand l'autre est connue.

Supposons qu'il en soit ainsi, et reproduisons l'épure précédente, mais en portant sur la droite oblique TNM les longueurs TN et TM représentatives des intensités des deux actions moléculaires r et p (ou p et r), et déterminant le rayon du demi-cercle par la condition que cette courbe passe par les deux points N et M, et ait son centre sur la droite TA, qui fait l'angle ω avec la direction TM. On se rendra compte facilement que les longueurs TA et TB représenteront les intensités des actions moléculaires a et b, et que la longueur TC de la tangente au cercle, inclinée de η sur le diamètre de base, représentera l'action moléculaire c relative aux deux directions de glissement.

Proposons-nous maintenant de déterminer l'inclinaison θ sur la normale et l'intensité s de l'action moléculaire relative à une direction faisant avec la verticale l'angle α.

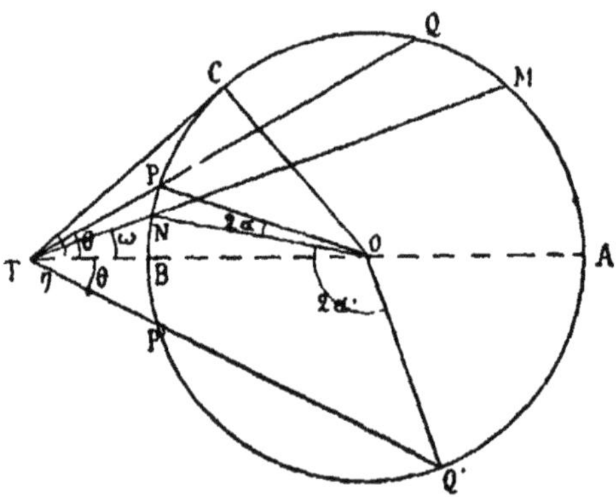

Figure 7.

Plaçons-nous d'abord dans l'hypothèse où la charge p étant plus grande que l'action moléculaire conjuguée de la verticale r, les angles de glissement sont β et γ. On mènera le rayon OP, faisant avec le rayon ON l'angle $2\,\alpha$, compté positivement de N vers A. L'angle cherché θ sera précisément l'angle $\widehat{OTP}$. Supposons qu'il en soit ainsi. On a dans le triangle OTP :

$$\frac{\sin \widehat{OTP}}{\sin \widehat{TPO}} = \frac{OP}{OT} = \sin \eta.$$

Or :

$$\widehat{TPO} = \pi - \widehat{OTP} - \widehat{POB} = \pi - \theta - (2\,\alpha + \gamma - \beta).$$

D'où :

$$\sin \theta = \sin \varphi \sin (\pi - \theta - 2\alpha - \gamma + \beta).$$

On en conclut immédiatement que :

$$\operatorname{tg} \theta = \frac{\sin \varphi \sin (2\alpha + \gamma - \beta)}{1 - \sin \varphi \cos (2\alpha + \gamma - \beta)},$$

ce qui est une relation démontrée dans l'article précédent.

La direction conjuguée de celle que définit l'angle α, fait avec la verticale un angle α', que l'on pourra déterminer sur l'épure en traçant la sécante TP'Q', symétrique de TPQ par rapport au diamètre TBA, et joignant le centre O au point Q'. On a :

$$2\alpha' = NOQ'.$$

Suivant que la droite ON est à l'intérieur ou à l'extérieur de l'angle POQ', les angles α et α' sont de signes contraires ou de même signe; les deux directions conjuguées définies par ces deux angles doivent être tracées de part et d'autre de la verticale, ou d'un même côté de cette verticale.

Dans le cas où l'on a $r > p$, les angles α et α' sont fournis par une construction analogue, mais partant du rayon OM au lieu du rayon ON (fig. 8) :

$$M\overline{O}Q = 2\alpha; \quad M\overline{O}P' = 2\alpha'.$$

L'angle α doit être compté positivement de M vers A (sur la figure, il correspond à une direction située à gauche de la verticale, et l'angle α doit être affecté au signe —).

Que l'on ait $r < p$ ou $r > p$, l'action moléculaire relative au plan d'inclinaison α est représentée par la distance TP (ou TQ) du point T à l'extrémité du rayon qui limite l'angle 2α. De même l'action moléculaire relative à la direction conjuguée définie par l'angle α', est représentée par la distance TQ' (ou TP') du point T à l'extrémité du rayon limitant l'angle α'.

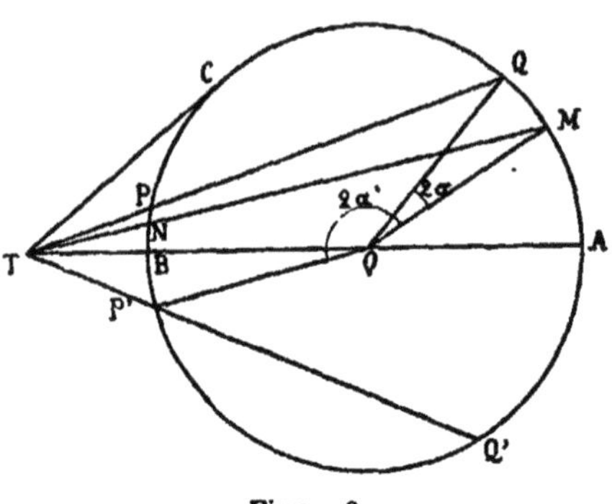

Figure 8.

On le démontrera en utilisant la propriété des sécantes, comme on l'a déjà fait précédemment.

$$TQ \times TP = TA \times TB = ab;$$

$$\frac{TQ + TP}{2} = \frac{TA + TB}{2}\cos\theta = \frac{a+b}{2}\cos\theta;$$

D'où :

$$TQ = \frac{a+b}{2}\left(\cos\theta + \sqrt{\cos^2\theta - \frac{4ab}{(a+b)^2}}\right) = s;$$

$$TP = \frac{a+b}{2}\left(\cos\theta - \sqrt{\cos^2\theta - \frac{4ab}{(a+b)^2}}\right) = s'.$$

L'avantage du calcul graphique sur les formules algébriques de l'article précédent, est de permettre, connaissant une seule des quantités α, θ, s ou s', de déterminer les trois autres, tandis que les formules ne se prêtent commodément qu'à la recherche de θ, s et s', pour une valeur donnée de α. Il est assez malaisé de les résoudre par rapport à l'angle α considéré comme inconnue.

Nous aurons occasion plus tard d'utiliser cette supériorité du calcul graphique.

6. Angle de frottement, de rupture ou du talus naturel des terres. — L'expérience montre qu'un corps dépourvu de cohésion ne peut demeurer en équilibre si l'angle η de glissement maximum dépasse une limite supérieure φ, qui dépend de la nature du corps.

Si la répartition ou la grandeur des forces extérieures se modifie de telle sorte que l'angle η atteigne et tende à dépasser en un seul point cette limite spécifique φ, il se produit une disjonction des particules en contact, et le corps se rompt par glissement.

L'angle limite φ est nul pour un liquide parfait, très petit pour les liquides visqueux et les corps pâteux, comme la vase molle ou l'argile fluente.

On qualifie de terres :

1° Les corps pulvérulents incompressibles, tels que le sable, le gravier, les éboulis de pierres cassées, formés d'éléments solides sans adhérence mutuelle, qui n'offrent par suite aucune résistance aux efforts de traction et peuvent glisser les uns sur les autres, quand le rapport des composantes tangentielles et normales de leurs réactions mutuelles dépasse le coefficient de frottement tg φ de leurs faces de contact ;

2° Les corps plus ou moins plastiques lorsqu'ils sont humides, comme la terre arable, la tourbe, l'argile pure ou mélangée de sable ou débris pierreux, la marne, etc., qui sans être absolument dépourvus de cohésion, n'offrent qu'une faible résistance à la traction. Certains d'entre eux, comme l'argile et la marne, ne peuvent être qualifiés de terres que s'ils renferment une proportion assez notable d'eau. Parfaitement secs, ils peuvent constituer des massifs compactes et tenaces, auxquels on ne saurait appliquer les règles de calcul établies pour un corps sans cohésion.

Ils peuvent, au contraire, se rapprocher des liquides visqueux, et former des masses molles et fluentes lorsqu'ils sont imbibés d'eau : leur résistance aux efforts de compression est alors très faible.

La propriété caractéristique de ces terres est de diminuer de volume par contraction lorsqu'on les dessèche, et de se dilater quand on les humecte. Le pilonnage et le bourrage produisent également chez elles une réduction de volume notable.

Pour les terres que l'on rencontre dans la nature, l'angle limite φ, auquel on donne le nom d'angle de frottement ou d'angle de rupture, peut varier, suivant les cas, entre 15° et 50°. Cet angle est aussi qualifié d'angle du *talus naturel*, parce qu'il correspond à l'inclinaison maximum sur l'horizontale que la surface libre, limitant le terrain, ne peut dépasser sans qu'il se produise un éboulement, indice d'une rupture survenue par glissement.

Nous en donnerons la démonstration dans le prochain chapitre.

Avec une terre de *consistance moyenne*, l'angle φ est voisin de 35°, et $\operatorname{tg} \varphi = \frac{2}{3}$. Le talus naturel est réglé à raison de trois de base pour deux de hauteur.

Avec une terre *très consistante*, l'angle φ peut être pris égal à 45°, et $\operatorname{tg} \varphi = 1$. Le talus naturel est réglé à un de base pour un de hauteur.

Avec une terre *peu consistante*, l'angle φ peut être pris égal à 25°, et $\operatorname{tg} \varphi = \frac{1}{2}$. Le talus naturel est réglé à deux de base pour un de hauteur.

Au-dessous de 20°, on a affaire à une terre coulante (argile ou vase molle, sable fin imbibé d'eau, dit sable *boulant*), dont les propriétés se rapprochent de celles des liquides visqueux.

L'angle du talus naturel ne peut dépasser 50° que pour un massif compacte et cohérent dont les particules sont adhérentes entre elles, et auquel on ne saurait étendre les résultats de calcul obtenus pour les corps dépourvus de cohésion.

Dans certaines terres fortes et compactes, argiles dures et marnes, sèches ou légèrement humides, on peut pratiquer des excavations ou des tranchées profondes avec parois verticales, sans constater aucune tendance à l'éboulement. Mais la cohésion de ces terrains, très grande au moment où l'on effectue le terrassement, est variable et susceptible de disparaître, par une exposition à l'air libre suffisamment prolongée. Sous l'influence des intempéries, des alternatives de pluie et de sécheresse, de gelée et de chaleur, les parois se fendillent, se désagrègent et s'effritent. La terre tombe en poussière et s'amoncèle au fond du trou en un tas sans consistance, dont les talus ne dépassent pas l'angle de 30° ou 40°. Si des eaux souterraines, provenant de sources ou d'infiltrations pluviales, viennent à pénétrer dans le massif, il peut se produire une dislocation et une rupture générale : des crevasses apparaissent en arrière des parois, des blocs se détachent et tombent dans la tranchée. A la longue, le trou vertical se transforme en une dépression à talus adoucis, et l'on constate en définitive que l'angle φ est inférieur à 45°.

Il doit donc bien être entendu que pour une matière terreuse, c'est-à-dire susceptible d'acquérir une certaine plasticité quand on la pilonne sous l'eau, on doit fixer la valeur de l'angle de rupture φ en envisageant les circonstances les plus défavorables qui puissent paraître réalisables. Les fronts de taille verticaux des carrières d'argile et de marne compacte finissent toujours à la longue par disparaître, quand on a cessé l'exploitation. Il convient donc de les considérer comme des terres, et on se gardera de les assimiler aux bancs rocheux, dont la résistance à la compression est à peu près indépendante de leur état de sécheresse, et dont les escarpements verticaux sont susceptibles de se maintenir indéfiniment.

7. Equilibre limite d'un massif. Lignes de rupture. — Pour qu'un massif sans cohésion demeure en équilibre, il faut que l'angle de glissement η soit compris entre $-\varphi$ et $+\varphi$. S'il atteint une de ces valeurs limites, le massif, en état d'équilibre strict, est sur le point de se rompre par glissement, suivant l'une ou l'autre des deux directions de glissement, que l'on qualifie alors de *directions de rupture*.

Il arrive presque toujours, dans les problèmes relatifs à la poussée des terres, que l'on suppose cette condition d'équilibre strict réalisée en tous les points du plan de symétrie envisagé. En ce cas, il existe dans le plan deux faisceaux de lignes dont chacune est tangente en chacun de ses points à une direction de rupture. Ce sont les *lignes de rupture* du massif. Il en passe deux par chaque point du plan.

Les surfaces de rupture sont des cylindres ayant pour directrices les lignes de rupture et pour génératrices des normales au plan de symétrie.

En cas d'équilibre strict, les formules applicables à la résolution des problèmes sur la poussée des terres sont celles énoncées dans l'article précédent, où il n'y a qu'à substituer l'angle de rupture φ à l'angle de glissement maximum η.

Nous aurons toujours à distinguer deux cas d'équilibre limite, l'un correspondant à la poussée minimum ($q < p \cos \omega$), que nous appellerons l'état d'*équilibre limite inférieur*; et l'autre correspondant à la poussée maximum ($q > p \cos \omega$), que nous qualifierons d'état d'*équilibre limite supérieur.*

8. Poussée. – On peut tracer dans le plan de symétrie un faisceau de lignes dont chacune soit tangente en chacun de ses points à la direction conjuguée de la verticale. Ce sont les *lignes de charge* du massif : il en passe une par chaque point du plan. Les surfaces de charge seront des cylindres ayant pour directrices les lignes de charge et pour génératrices des normales au plan de symétrie.

Soient *ab* et *cd* deux lignes de charge. Considérons un prisme droit ayant pour base la surface comprise

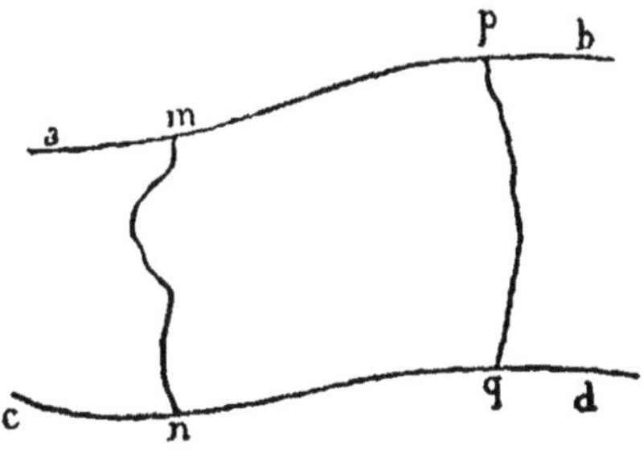

Figure 9.

entre ces lignes et deux courbes quelconques *mn* et *pq*. Ce prisme est en équilibre sous l'action de son propre poids, qui est une force verticale, des actions moléculaires, à direction verticale, appliquées sur les lignes de charge, de m à p, et de n à q ; et enfin des actions moléculaires de directions variables relatives aux éléments successifs des courbes mn et pq. Pour qu'il y ait équilibre, il faut que la somme des projections horizontales des forces intérieures relatives à la courbe mn soit égale et directement opposée à celle relative à la courbe pq.

Nous appellerons *poussée* entre les deux lignes de charge cette résultante horizontale constante, qui ne dépend ni des positions attribuées sur les lignes de charge aux deux points m et n, ni du tracé de la courbe qui les réunit.

La résolution d'un problème relatif à l'équilibre d'un massif de terre peut toujours se ramener à la recherche des lignes de charge et à la détermination de la poussée entre deux quelconques de ces lignes. Ce premier résultat obtenu, il sera facile, à l'aide des formules précédemment établies, de tracer les lignes de glissement, et de déterminer, pour un point quelconque, l'action moléculaire conjuguée d'un plan d'orientation choisie arbitrairement.

Presque toujours le problème n'est complètement déterminé que si l'angle de glissement η figure parmi les données. C'est pourquoi on est le plus souvent obligé, si l'on ne veut pas recourir à une hypothèse préalable et gratuite, dont on ne puisse fournir la justification, de s'en tenir à l'étude des cas d'équilibre limite. L'angle η est alors égal à l'angle de rupture φ, qui, pour un terrain de constitution définie, peut toujours être déterminé par expérience.

9. Ligne de poussée. — Soit O un point situé sur une surface limitant le massif de terre à sa partie supérieure, que nous supposerons *libre*, c'est-à-dire soustraite à l'action de toute force extérieure. Soit Oz une droite issue du point O et jouissant de la propriété suivante : toutes les actions moléculaires s appliquées sur ses éléments successifs sont parallèles et d'intensités proportionnelles aux distances z de leurs points d'application à l'origine O.

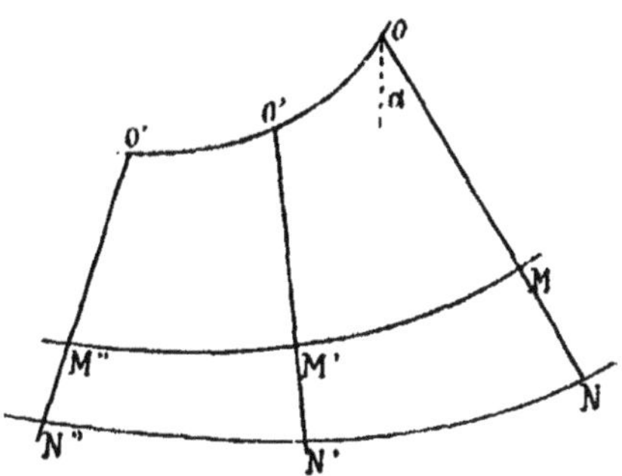

Figure 10.

On a :

$$\frac{s}{z} = \text{constante A.}$$

La résultante totale S des actions moléculaires parallèles s appliquées entre O et M, sur la longueur z', a pour grandeur $\frac{Az'^2}{2}$ et passe aux deux tiers de la longueur OM à partir du point O.

Si au lieu des forces s nous considérons leurs projections horizontales, la résultante Q de celles-ci sera la projection horizontale de S : elle sera également proportionnelle à z'^2, et passera aux deux tiers de la longueur OM à partir du point O.

Posons $Q = K\frac{z'^2}{2}$. Soit Δ le poids du mètre cube de terre. La condition pour que la poussée Q soit égale à $\frac{\Delta}{2}$ s'écrira :

$$\frac{\Delta}{2} = \frac{K}{2} z'^2 ; \text{ ou } z' = \sqrt{\frac{\Delta}{K}}.$$

S'il existe dans le plan de la figure un faisceau de droites jouissant de la propriété énoncée pour la droite Oz, et pour chacune desquelles on ait pu déterminer le point M satisfaisant à la condition $\frac{\Delta}{2} = \frac{K}{2} z'^2$, le lieu géométrique de ce point sera la *ligne de poussée*, limitant la région supérieure du massif pour laquelle la poussée totale Q, égale à $\frac{\Delta}{2}$, est appliquée sur chaque droite au tiers inférieur de sa longueur, entre la ligne de poussée et la surface libre.

Toutes les fois que les données d'un problème permettront de constater l'existence de ce faisceau de droites, dont une, et une seule, passe par chaque point du plan, et de marquer sur chacune le point M de la ligne de poussée, le tracé de cette ligne fournira la solution complète du problème. Connaissant, pour une droite quelconque du faisceau, la distance OM ou z', on en déduira le coefficient K par la relation :

$$K = \frac{\Delta}{z'^2}.$$

Une ligne de charge quelconque passant au point N de cette droite pourra être déterminée point par point par la condition $\frac{OM}{ON} =$ constante : les distances à la surface libre de la ligne de poussée et d'une ligne de charge quelconque, mesurées sur la droite du faisceau, sont dans un rapport constant.

Désignons par z'' la distance ON, et par α l'inclinaison de la droite sur la verticale. La poussée élémentaire q relative au point N aura pour valeur :

$$q = Kz'' \cos \alpha.$$

Du moment que l'on est en mesure de tracer la ligne de charge et de calculer la poussée élémentaire pour un point quelconque, on a une solution complète du problème relatif à l'équilibre intérieur du massif.

Il doit être bien entendu que le tracé de la ligne de poussée, qui limite la partie supérieure du massif pour laquelle la poussée totale Q est égale à $\frac{\Delta}{2}$, ne serait d'aucun intérêt et ne présenterait aucune utilité, si le problème ne comporte pas l'existence du faisceau de droites coupées en parties proportionnelles par les lignes de charge, et satisfaisant par suite à la condition énoncée ci-dessus :

$$\frac{s}{x} = \text{constante A}.$$

C'est en utilisant cette propriété du faisceau que l'on peut déduire toutes les lignes de charge de la ligne de poussée.

CHAPITRE DEUXIÈME

ÉQUILIBRE D'UN MASSIF INDÉFINI

LIMITÉ PAR

UNE SURFACE LIBRE PLANE

SOMMAIRE :

10. Etats d'équilibre limite. — 11. Epure des lignes de poussée. — 12. Application et discussion des formules d'équilibre limite. — 13. Etats d'équilibre intermédiaires. — 14. Fondations en pleine terre. — 15. Compression préalable du sol.

CHAPITRE DEUXIÈME

ÉQUILIBRE D'UN MASSIF INDÉFINI

LIMITÉ PAR

UNE SURFACE LIBRE PLANE

---

10. Etats d'équilibre limite. — Considérons un massif indéfini, limité à sa partie supérieure par une surface libre, qui est un plan incliné de i sur l'horizontale. Ce massif est exclusivement sollicité par la pesanteur, sans intervention d'aucune autre force extérieure. Nous rechercherons ses conditions d'équilibre élastique dans son plan de symétrie, qui est le

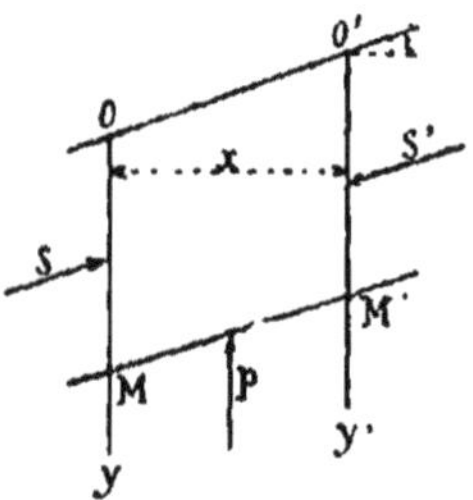

Figure 11

plan vertical passant par la droite de plus grande pente de la surface libre : cette droite est inclinée de i sur l'horizontale.

Admettons que l'équilibre strict ($\eta = \varphi$) se trouve réalisé en tous les points du plan. Soient Oy et $O'y'$ deux verticales rencontrant la surface libre en O et O' : le massif n'étant limité ni à gauche ni à droite de la figure, il y a nécessairement identité, au point de vue de la distribution des actions moléculaires, entre les deux droites, puisque l'énoncé du problème ne renferme aucune donnée permettant d'établir entre elles une différence quelconque.

En conséquence, pour les deux points M et M' qui se correspondent sur ces verticales, c'est-à-dire sont à la même distance de la surface libre, les actions moléculaires relatives aux éléments dy et dy' seront parallèles et d'égale intensité.

Il en sera nécessairement de même pour les résultantes S et S' des actions moléculaires appliquées sur les portions de droites OM et O'M', ainsi que pour leurs projections horizontales. Nous en concluerons que la droite MM' est une *ligne de charge*.

Soit p la charge élémentaire correspondante, qui est constante de M en M', par la raison énoncée ci-dessus.

Le prisme droit ayant pour base le parallélogramme OMM'O' est en équilibre sous l'action : 1° des deux forces S et S', appliquées sur les faces OM et OM', qui sont égales et directement opposées; 2° de son poids propre Δxy, où y désigne la distance verticale OM de la surface libre à la droite de charge, et x la distance mutuelle des faces verticales OM et O'M'; 3° de la résultante des charges élémentaires p, qui est :

$$p \times MM' = \frac{px}{\cos i}.$$

D'où :

$$\frac{px}{\cos i} = \Delta xy\,;\ p = \Delta y \cos i.$$

La poussée élémentaire q est liée à la charge p par l'une des deux relations précédemment établies, où il conviendra de substituer la lettre i à la lettre ω, puisque la ligne de charge est parallèle au plan de la surface libre.

$$(1) \qquad q = p \cos i\, f(i.\, \varphi) = \Delta y \cos^2 i\, f(i.\, \varphi);$$

$$(2) \qquad q' = p \cos i\, \mathrm{F}\,(i.\, \varphi) = \Delta y \cos^2 i\, \mathrm{F}\,(i.\, \varphi).$$

Ces expressions de la poussée élémentaire se rapportent aux cas d'équilibre limite du massif, dont il a été parlé dans le paragraphe précédent : celui d'équilibre limite inférieur, avec poussée minimum ($q < p \cos i$); celui d'équilibre limite supérieur, avec poussée maximum ($q' > p \cos i$).

La poussée élémentaire est proportionnelle à la distance verticale y du point M à la surface libre. En conséquence la poussée totale, résultante des poussées élémentaires de O à M, a pour expressions :

$$(1) \qquad \mathrm{Q} = \int_0^y \Delta y \cos^2 i\, f\,(i.\, \varphi) = \frac{\Delta y^2}{2} \cos^2 i\, f\,(i.\, \varphi);$$

$$(2) \qquad \mathrm{Q}' = \int_0^y \Delta y \cos^2 i\, \mathrm{F}\,(i.\, \varphi) = \frac{\Delta y^2}{2} \cos^2 i\, \mathrm{F}\,(i.\, \varphi).$$

La ligne de poussée est une parallèle à la surface libre définie par la condition $\mathrm{Q} = \frac{\Delta}{2}$. Sa distance verticale z à la surface libre est fournie par l'une des relations :

$$z = \frac{1}{\cos i} \sqrt{\frac{1}{f\,(i.\, \varphi)}} = \frac{1}{\cos i} \sqrt{\mathrm{F}\,(i.\, \varphi)};$$

$$z' = \frac{1}{\cos i} \sqrt{\frac{1}{\mathrm{F}\,(i.\, \varphi)}} = \frac{1}{\cos i} \sqrt{f\,(i.\, \varphi)}.$$

L'angle de rupture φ du terrain est une donnée du problème. On sait que l'angle ω d'une ligne de charge avec l'horizontale a pour limite supérieure l'angle φ. Comme dans le cas présent les lignes de charge sont parallèles à la surface libre, on en conclura que l'inclinaison de celle-ci sur l'horizontale ne peut dépasser φ, sans quoi il y aurait rupture d'équilibre : d'où le nom d'angle du *talus naturel des terres* attribué à cet angle φ, qui définit l'inclinaison maximum que puisse atteindre la surface libre. Cette remarque permet d'apprécier, avec assez d'exactitude, la valeur de l'angle φ pour un terrain donné, en observant simplement le talus limite qu'il est susceptible d'atteindre avant de s'ébouler.

11. Epure des lignes de poussée. — Dans le problème que nous traitons ici, le faisceau de droites, dont il a été question à l'article 8, est composé d'une série de verticales successives; la poussée élémentaire est, en un point quelconque, proportionnelle à sa distance verticale à la surface libre.

En conséquence la solution cherchée se réduit à la détermination de la ligne de poussée, qui est une parallèle à la surface libre, située à la distance verticale :

$$z = \frac{1}{\cos i}\sqrt{F(i.\varphi)}\,; \tag{1}$$

$$z' = \frac{1}{\cos i}\sqrt{f(i.\varphi)}. \tag{2}$$

Menons par un point O un faisceau de droites dont les inclinaisons sur l'horizontale varient de $-\varphi$ à $+\varphi$, en passant par zéro (fig. 12). Elles correspondront à tous les cas possibles d'orientation de la surface libre du terrain défini par la donnée φ.

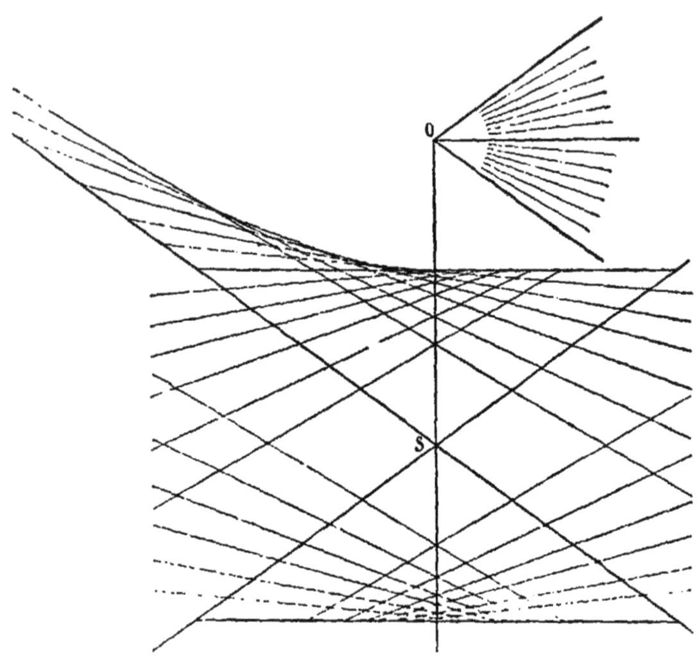

Figure 12.

Portons sur la verticale, à partir et au-dessous du point O (fig. 4, page 14) :

1° La longueur $OS = \frac{1}{\cos \varphi}$. Nous ferons passer par le point S deux lignes en croix faisant avec l'horizontale les angles $+\varphi$ et $-\varphi$;

2° Les deux longueurs

(1) $$OM = \frac{1}{\cos i} \sqrt{F(i. \varphi)},$$

et

(2) $$ON = \frac{1}{\cos i} \sqrt{f(i. \varphi)},$$

pour chaque valeur attribuée à l'angle i dans le faisceau des droites issues du point O (1).

En chacun de ces points M et N, nous ferons passer deux lignes en croix d'inclinaison $+i$ et $-i$.

L'épure des lignes de poussée ainsi établie nous fournira les renseignements utiles en ce qui touche l'équilibre limite du terrain, dans tous les cas possibles d'orientation de la surface libre.

L'épure de la figure 12 correspond à la donnée :

$$\varphi = 35^\circ.$$

Envisageons par exemple l'état d'équilibre limite inférieur, avec poussée minimum, pour une valeur particulière de i. Le massif est sur le point de descendre en glissant sur un de ses plans de rupture ; le terrain est donc exposé à s'affaisser par défaut d'appui. Il en est ainsi lorsqu'un mur de soutènement se déverse, et est sur le point de provoquer par là même l'éboulement du terre-plein situé en arrière.

Il suffira de relever la longueur z sur l'épure. On en

(1) Il est facile de constater que les deux longueurs z et z', correspondant à la même inclinaison i, sont liées entre elles par les relations ;

$$z + z' = \frac{2}{\cos \varphi} ; \; zz' = \frac{1}{\cos^2 i}.$$

Ce sont donc les racines de l'équation du second degré :

$$z^2 - \frac{2}{\cos \varphi} z + \frac{1}{\cos^2 i} = 0.$$

On peut, si on le juge plus commode, utiliser pour le calcul les expressions :

$$z = \frac{1}{\cos \varphi} + \sqrt{\frac{1}{\cos^2 \varphi} - \frac{1}{\cos^2 i}} ;$$

$$z' = \frac{1}{\cos \varphi} - \sqrt{\frac{1}{\cos^2 \varphi} - \frac{1}{\cos^2 i}}.$$

On remarquera que les distances MS et NS sont égales.

déduira la poussée élémentaire q à la distance verticale y du plan supérieur par la formule : $q = \Delta \frac{y}{\varepsilon^2}$, et la poussée totale Q, appliquée aux deux tiers de la hauteur y à partir de la surface libre, par la formule :

$$Q = \frac{\Delta}{2} \cdot \frac{y^2}{\varepsilon^2} \cdot$$

Les directions de rupture s'obtiendront en joignant le pôle O aux points de rencontre A et B de la droite de poussée M et des lignes en croix passant par S, comme nous l'avons démontré dans l'article 4 (page 15).

Les actions moléculaires principales seront dirigées suivant les bissectrices des directions de rupture.

Enfin l'intensité et la direction de l'action moléculaire relative à un plan oblique quelconque défini par son inclinaison α sur la verticale, se déduiront de la poussée élémentaire q et de la charge élémentaire $p = \Delta y \cos i$, par les formules énoncées dans l'article 4 (page 18).

La force intérieure totale, relative à un segment de droite oblique limité à la surface libre, sera, dans le cas présent, toujours proportionnelle au carré de y, et passera aux deux tiers de la longueur du segment, à partir du plan supérieur.

L'état d'équilibre limite supérieur, ou avec poussée maximum, correspond au cas où le massif est sur le point de se soulever en glissant sur un de ses plans de rupture. Le terrain est exposé à être rompu par refoulement. Cette circonstance se présente lorsque la poussée d'une voûte en maçonnerie, ou d'un arc métallique, dépasse la résistance du remblai contre lequel est adossée la culée : celle-ci recule en refoulant et soulevant le terre-plein en arrière.

L'épure des lignes de poussée fournira pour cet état d'équilibre limite les mêmes renseignements que pour celui d'équilibre limite inférieur.

Comme dans l'un et l'autre cas l'orientation des lignes de rupture est indépendante de la position attribuée au point O sur la surface libre, on en concluera que les deux surfaces de rupture sont des plans. En conséquence, si un massif indéfini à surface libre plane se crevasse par suite d'insuffisance ou d'excès de poussée, les fractures se manifesteront suivant des plans, dont les orientations sont définies par les angles β et γ, ou β' et γ', qu'ils font avec la verticale.

12. Application et discussion des formules d'équilibre limite. — Supposons que le plan supérieur du massif ait l'inclinaison du talus naturel des terres : $i = \varphi$. Les deux états d'équilibre limite se confondront. On n'aura qu'une seule ligne de poussée :

$$z = z' = \frac{1}{\cos \varphi}.$$

Les angles de rupture sont en ce cas :

$$\beta = \frac{\pi}{2} - \varphi \,;\ \gamma = o \,;\ \beta' = o \,;\ \gamma' = \frac{\pi}{2} + \varphi.$$

Les deux directions de rupture sont la verticale et la ligne de charge elle-même.

On a :

$$p = c = \Delta y \cos \varphi \,;\ q = \Delta y \cos^2 \varphi \,;$$

$$a = \Delta y\,(1 + \sin \varphi);\ b = \Delta y\,(1 - \sin \varphi).$$

Supposons que la surface libre soit horizontale :

$$i = o.$$

La ligne de charge étant perpendiculaire à la verticale, qui est sa conjuguée, leurs directions se confondent avec celles des actions principales.

Etat d'équilibre inférieur :

$$\beta = \gamma = \frac{\pi}{4} - \frac{\varphi}{2};$$

$$p = a = \Delta y; \; q = b = \Delta y . \frac{1 - \sin \varphi}{1 + \sin \varphi};$$

$$c = \frac{\Delta y \cos \varphi}{1 + \sin \varphi}.$$

Etat d'équilibre supérieur :

$$\beta' = \gamma' = \frac{\pi}{4} + \frac{\varphi}{2};$$

$$p = b = \Delta y; \; q = a = \Delta y . \frac{1 + \sin \varphi}{1 - \sin \varphi};$$

$$c = \frac{\Delta y \cos \varphi}{1 - \sin \varphi}.$$

Attribuons à i une valeur différente de zéro et de $+ \varphi$.

Si l'on considère une couche de terrain d'épaisseur déterminée, le rapport entre la poussée minimum Q et la poussée maximum Q', correspondant aux deux états d'équilibre limite, a pour expression :

$$\left(\frac{\cos i - \sin \varphi \cos \iota}{\cos i + \sin \varphi \cos \iota}\right)^2.$$

Pour $i = \varphi$, ce rapport se réduit à l'unité : il n'y a qu'un seul état d'équilibre possible. Le massif peut glisser indifféremment en descendant ou en remontant, suivant que la poussée éprouve une légère diminution ou un faible accroissement. Son équilibre est donc instable.

Au fur et à mesure que l'angle i diminue, le rapport $\frac{Q}{Q'}$ s'abaisse. Il existe, entre les deux états d'équilibre limite, des états intermédiaires pour lesquels, η étant compris entre o et φ, il n'y a plus tendance à rupture par glissement. Le terrain est en équilibre stable, et il faut que la poussée éprouve une notable diminution ou une augmentation importante, pour que, l'angle η atteignant la limite φ, il puisse y avoir rupture par glissement.

Enfin le *minimum* du rapport $\frac{Q}{Q'}$, qui est $\left(\frac{1 - \sin \varphi}{1 + \sin \varphi}\right)^2$, correspond au cas du plan supérieur horizontal : l'écart entre les deux états d'équilibre limite atteint alors sa plus grande valeur.

Pour $\varphi = o$ (liquide parfait), la surface libre est horizontale, et il n'y a qu'un seul état d'équilibre possible : la poussée $Q = \frac{\Delta y^2}{2}$ correspond à la pression hydrostatique. Au fur et à mesure que l'angle φ va en croissant, la poussée minimum Q, pour une inclinaison donnée i, s'abaisse, tandis que la poussée maximum Q′ augmente.

La moyenne géométrique $\sqrt{Q Q'}$ de ces deux poussées extrêmes est toujours égale à la pression hydrostatique d'un liquide de même densité, multipliée par $\cos^2 i$.

Théoriquement, la poussée minimum ne devrait tomber à zéro que pour $\varphi = 90°$: la poussée maximum serait alors infinie.

Mais, en fait, il n'existe pas dans la nature de corps, à peu près dépourvus de cohésion, pour lesquels l'angle φ dépasse 50°. Au delà de cette valeur, on a affaire à un solide compact et cohérent, auquel on ne saurait étendre les résultats des calculs précédents, qui supposent nulle la résistance à l'extension.

Pour étudier les conditions d'équilibre élastique d'un solide cohérent, il faut faire intervenir dans les calculs le coefficient d'élasticité, et les limites de résistance à la traction et à la compression.

13. Etats d'équilibre intermédiaires. — Le massif de terre limité par une surface libre plane est susceptible d'occuper une infinité d'états d'équilibre stable, intermédiaires entre ceux d'équilibre limite dont il vient d'être question, pour lesquels l'angle de glissement η est inférieur à l'angle de rupture φ.

Nous examinerons certains cas particuliers qui nous semblent présenter quelque intérêt.

A. — Il peut se faire que l'angle de glissement η ait la même valeur en tous les points du massif.

L'on retrouve en pareil cas un des deux états d'équilibre strict, pour un terrain qui, avec même surface libre, aurait un angle de rupture dont la valeur serait celle attribuée à l'angle η.

Il n'y a donc ici qu'à substituer l'angle η à l'angle φ dans toutes les formules des articles 10 et 11, pour obtenir celles applicables au cas envisagé.

Cet angle η ne peut d'ailleurs descendre au-dessous de l'inclinaison i de la surface libre.

B. — Le massif se divise en trois régions successives : deux régions latérales ou extrêmes SAB et TCD, qui sont chacune dans un état d'équilibre correspondant à une valeur constante de l'angle de glissement, η' ou η'', comprise entre o et φ ; une région intermédiaire ABCD, qui établit la transition entre les deux extrêmes.

Il existera dans cette région intermédiaire un faisceau de droites, compris entre les limites AB et CD, correspondant chacune à une valeur constante de l'angle de glissement, et partagées en parties proportionnelles par les lignes de charge.

La ligne de poussée se compose alors de deux droites parallèles au plan supérieur et par conséquent inclinées de i sur l'horizontale, pour les régions extrêmes ; dans la région intermédiaire, c'est une courbe en s, telle que MN, qui raccorde les droites précitées. Le tracé de cette ligne de poussée fournit la solution complète du problème de l'équilibre intérieur du massif.

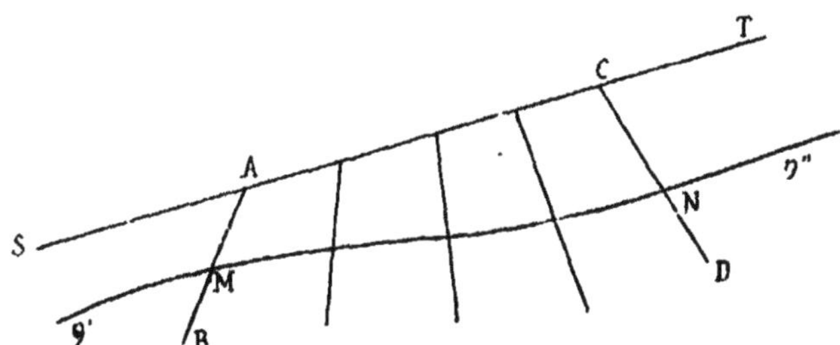

Figure 13.

Pour toute droite d'une région extrême, la résultante des actions moléculaires relatives à un segment limité à la surface libre passe aux deux tiers de la longueur de ce segment à partir du plan supérieur. Pour la région de transition, cette propriété n'appartient qu'aux droites du faisceau défini plus haut.

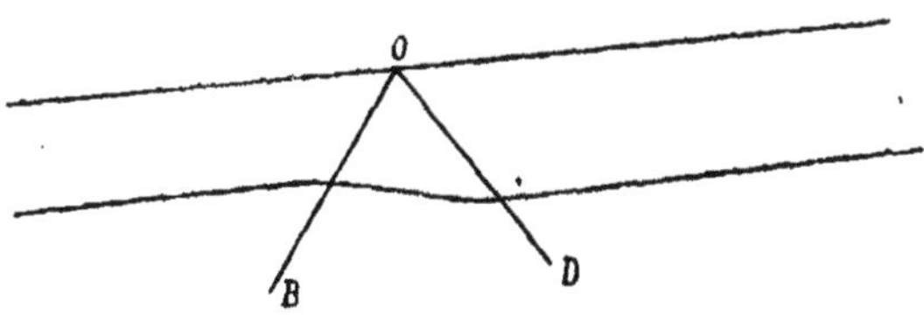

Figure 14.

Il peut se faire que toutes les droites du faisceau aboutissent à un même point O de la surface libre ; la région de transition est alors limitée par l'angle BOC.

L'état d'équilibre que nous venons de définir peut se

réaliser lorsqu'un massif de terre subit à l'une de ses extrémités un effort de refoulement horizontal, qui le comprime et augmente sa poussée. La région comprimée se raccorde, par une zone de transition telle que ABCD, avec la portion du massif dont l'équilibre n'a pas encore été troublé.

Le cas serait analogue si, au lieu d'un refoulement, il se manifestait un glissement local de la partie inférieure du terrain, donnant lieu à une diminution de la poussée dans la région ébranlée.

C. — Nous supposerons que l'angle de glissement η soit constant sur toute parallèle à la surface libre, mais change de valeur quand on s'éloigne de cette surface. En ce cas les lignes de charge sont encore des droites inclinées de i sur l'horizontale, mais la poussée élémentaire n'est plus proportionnelle à la distance verticale y du point considéré au plan supérieur.

Pour une droite quelconque du plan, la réaction totale S à partir de la surface libre, et par suite sa composante horizontale Q, n'est pas proportionnelle à y^2, et ne passe pas aux deux tiers de la longueur du segment d'application, à partir du plan supérieur. Il n'y a plus utilité à tracer la ligne de poussée, puisque on n'en saurait déduire les autres lignes de charge.

Considérons une tranche de terrain d'épaisseur OM, limitée par la surface libre. Si l'angle η avait une valeur constante en tous les points de cette tranche, la poussée totale passerait aux deux tiers de la hauteur h à partir du point O. Si l'angle η est variable, ce point d'application pourra se déplacer dans une zone UV, dont les limites sont faciles à déterminer.

Supposons que la tranche de terrain soit partagée en deux couches superposées ON et NM, dont la première occupe l'état d'équilibre strict supérieur, et la seconde l'état d'équilibre strict inférieur.

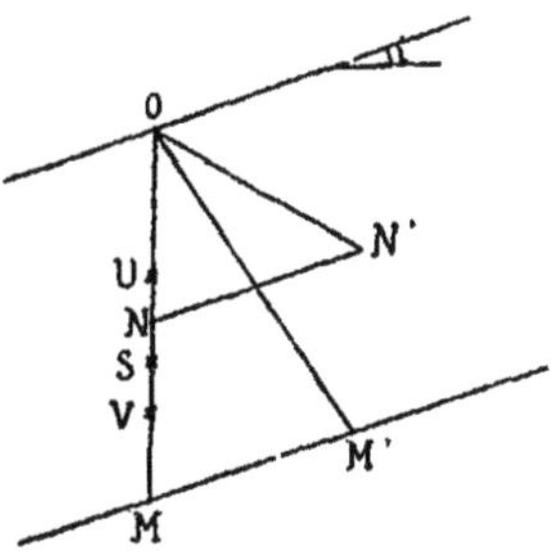

Figure 15.

Désignons par z la distance verticale ON.

On a : de O en N : $o < y < z$:

$$q' = \Delta\, y \cos^2 i \,\frac{\cos i + \sqrt{\cos^2 i - \cos^2 \varphi}}{\cos i - \sqrt{\cos^2 i - \cos^2 \varphi}} = \mathrm{A}\, y\,;$$

de N en M : $z < y < h$:

$$q = \Delta\, y \cos^2 i \,\frac{\cos i - \sqrt{\cos^2 i - \cos^2 \varphi}}{\cos i + \sqrt{\cos^2 i - \cos^2 \varphi}} = \mathrm{B}\, y.$$

La poussée totale est :

$$\mathrm{Q} = \int_o^z q' d y + \int_z^h q\, d y = \frac{\mathrm{B}\, h^2}{2} + (\mathrm{A} - \mathrm{B}) \frac{z^2}{2}\,.$$

La distance x du point O au point d'application S de cette poussée sera fournie par l'équation des moments :

$$\mathrm{Q}\, x = \int_o^z q\, y\, d y + \int_z^h q' y\, d y$$

$$= \frac{\mathrm{B}\, h^3}{3} + (\mathrm{A} - \mathrm{B}) \frac{z^3}{3}\,.$$

D'où :

$$x = \frac{2}{3} \cdot \frac{\mathrm{B}\, h^3 + (\mathrm{A} - \mathrm{B})\, z^3}{\mathrm{B}\, h^2 + (\mathrm{A} - \mathrm{B})\, z^2}\,.$$

En égalant à zéro la dérivée de cette expression par rapport à z, on obtient l'équation du 3e degré :

$$(A - B)\, z^3 + 3\, B\, h^2\, z - 2\, B\, h^3 = o.$$

La racine réelle et positive de cette équation fournit la valeur de z qui rend minimum la distance x ou OS. On constate facilement qu'en ce cas x est égal à z.

La distance cherchée OU ou u est donc la racine réelle et positive de l'équation du 3e degré énoncée ci-dessus.

En permutant A et B, on obtiendra de même l'équation qui fournit la plus grande valeur, OV ou v, de la distance ON :

$$(A - B)\, z^3 - 3\, A\, h^2\, z + 2\, A\, h^3 = o.$$

A titre d'exemple numérique, supposons la surface libre horizontale ($i = o$), et posons $\varphi = 35^\circ$. On constate, en résolvant les deux équations du 3e degré qui fournissent les distances limites u et v, que le point d'application de la poussée totale Q, situé aux deux tiers de la hauteur h pour tout état d'équilibre correspondant à une valeur constante de l'angle η, peut, dans les cas extrêmes mentionnés ci-dessus, se relever à $0{,}399\, h$ ou s'abaisser à $0{,}870\, h$. On voit que la zone UV, égale à $0{,}471\, h$, occupe près de la moitié de la hauteur totale de la tranche.

Considérons un massif de terre placé dans l'état d'équilibre inférieur : la poussée élémentaire est, pour chaque point de la verticale OA, représentée par la distance de cette verticale à la droite oblique OB, mesurée sur une parallèle à la surface libre. Supposons que l'on déblaie le sol de façon à faire disparaître la tranche supérieure d'épaisseur OO'. Menons par le point O' la parallèle O'B' à OB, et la droite O'C', qui correspond à l'état d'équilibre supérieur, avec poussée maximum, du terrain ainsi dérasé. L'état d'équilibre du massif, diminué de sa tranche supérieure, sera défini par la ligne brisée O'MB. De O' à M, la poussée élémentaire correspondra à l'état d'équilibre supérieur.

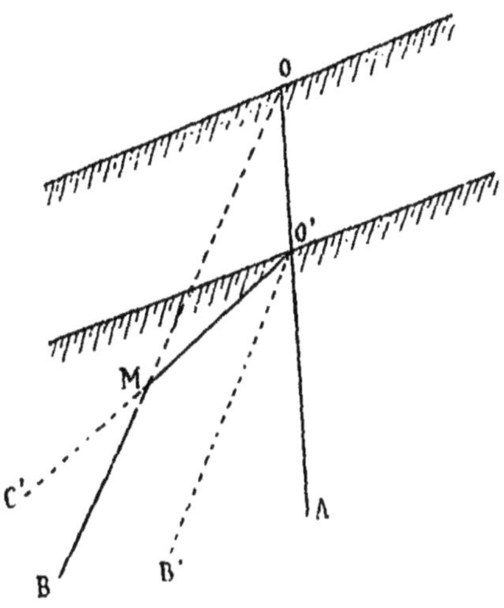

Figure 16.

Au delà de M, elle conservera en chaque point la valeur qu'elle avait avant le déblaiement : elle sera comprise entre la poussée maximum et la poussée minimum, et se rapprochera de celle-ci au fur et à mesure que l'on s'enfoncera sous terre.

On voit donc que la poussée totale passera aux deux tiers de la hauteur pour la tranche limitée par la parallèle au plan supérieur menée par M, tranche qui se trouvera dans l'état d'équilibre supérieur.

Mais si l'on descend plus bas, le point de passage de la poussée totale se relèvera au-dessus des deux tiers, passera par un maximum, puis s'abaissera et reviendra finalement aux deux tiers pour une profondeur infinie.

Cet exemple montre que dans certains cas on pourrait avoir à résoudre un problème relatif à un état intermédiaire d'équilibre d'un massif de terre, pour lequel le point de passage de la poussée ne serait pas situé aux deux tiers de la hauteur. Il suffit alors que l'énoncé de la question fournisse les renseignements nécessaires pour définir l'état d'équilibre intermédiaire à reconnaître.

D. — Il peut arriver que dans un massif de terre l'angle de glissement η varie dans toutes les directions entre ses limites extrêmes, correspondant aux deux états d'équilibre strict, suivant des lois plus ou moins compliquées. La résolution d'un problème de ce genre présenterait de grandes difficultés, alors même que les données seraient suffisantes pour le déterminer complètement. Nous ne chercherons donc pas à traiter la question à ce point de vue général.

Nous nous bornerons à faire voir, par un exemple, que des états d'équilibre intermédiaire de ce genre sont susceptibles de se réaliser dans la nature, et que dans certains cas on peut disposer des renseignements nécessaires pour en faire l'étude, tout au moins de façon approximative.

Considérons un massif surmonté d'une série de cavaliers en terre : une ligne de charge quelconque décrit une courbe sinueuse, qui se relève sous chaque saillie du terrain, pour s'abaisser dans leurs intervalles. Supposons que l'on déblaie les cavaliers, de façon à niveler le sol suivant un plan. Les lignes de charge se rectifieront dans le voisinage immédiat de la surface libre. Mais à une certaine profondeur, elles n'éprouveront aucun changement : cette profondeur se calculera en écrivant que la poussée élémentaire inférieure, sous la charge des cavaliers, est égale à la poussée limite supérieure du massif dérasé, à surface libre plane.

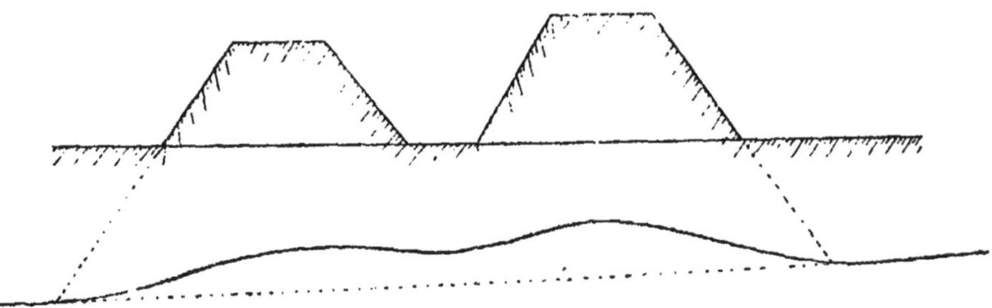

Figure 17.

On reconnait ainsi que, si l'on déblaie ou si l'on nivelle un sol à surface libre irrégulière, on obtient un état d'équilibre dans lequel les lignes de charge se rapprochent de la surface dans les régions antérieurement surchargées, où l'on a pratiqué un déblaiement, et s'en écartent au contraire dans les régions qui n'ont pas été remaniées, ou bien ont été remblayées.

14. Fondations en pleine terre. — On peut tirer de l'étude qui vient d'être faite, des conclusions intéressantes au point de vue de la stabilité des constructions.

Supposons que l'on ait à fonder un ouvrage en maçonnerie dans un terrain limité par un plan supérieur MN faisant l'angle i avec l'horizontale (fig. 18). Quelle devra être la profondeur OA, ou y, à donner à la fouille de fondation pour que la terre ne cède pas sous la charge, et que la construction soit solidement assise sur sa base ?

Désignons par R le rapport du poids de la partie de l'édifice qui fait saillie au-dessus du sol, à la projection horizontale de sa base de fondation ; par D le poids du

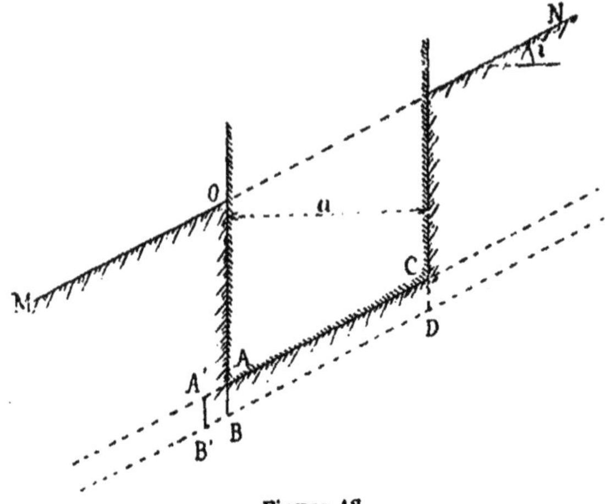

Figure 18.

mètre cube de maçonnerie de fondation, et par Δ le poids du mètre cube de terre.

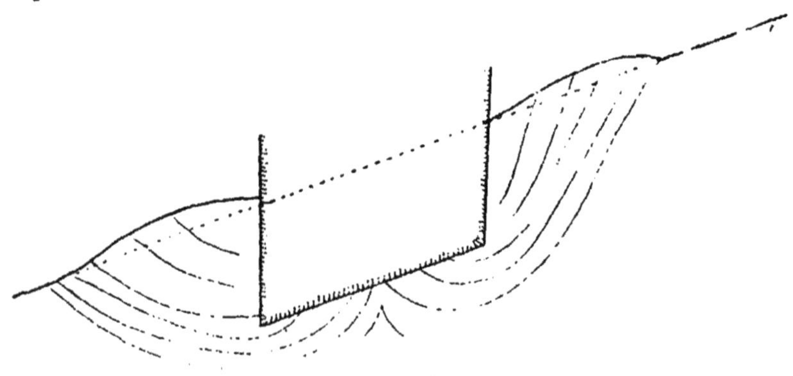

Figure 19.

La charge sur la base AC sera $p = (R + Dy) \cos i$: à la même profondeur au-dessous du sol, la charge sur le plan AA', due au poids propre du terrain, sera $\Delta y \cos i$.

La poussée élémentaire critique q, dans la couche très mince ABCD située sous l'édifice, sera la poussée minimum correspondant à la charge $(R + Dy) \cos i$, parce que cette couche est exposée à se rompre par affaissement, en se séparant au milieu de la base et s'échappant par le pourtour (fig. 19). Au contraire, la rupture dans la région ABA'B', extérieure à la précédente, s'effectuerait par soulèvement, avec refoulement de la terre : dans cette partie de la couche, la poussée élémentaire critique q' atteindra donc le maximum correspondant à la charge $\Delta y \cos i$.

On a en définitive :

$$q \geqq (R + Dy) \cos^2 i \frac{\cos i - \sqrt{\cos^2 i - \cos^2 \varphi}}{\cos i + \sqrt{\cos^2 i - \cos^2 \varphi}} ;$$

$$q' \leqq \Delta y \cos^2 i \frac{\cos i + \sqrt{\cos^2 i - \cos^2 \varphi}}{\cos i - \sqrt{\cos^2 i - \cos^2 \varphi}} .$$

Pour que l'édifice soit stable, il faut que la poussée élémentaire q sous la fondation soit inférieure ou tout au plus égale à la poussée élémentaire q' sous le périmètre de cette fondation. La profondeur minimum y à attribuer à la fouille, sera donc fournie par la relation : $q = q'$.

D'où l'on tire :

$$y = \frac{R \left[\cos i - \sqrt{\cos^2 i - \cos^2 \varphi}\right]^2}{\Delta \left(\cos i + \sqrt{\cos^2 i - \cos^2 \varphi}\right)^2 - D \left(\cos i - \sqrt{\cos^2 i - \cos^2 \varphi}\right)^2} .$$

Cette profondeur y est proportionnelle à la charge R, poids de l'édifice par unité de surface horizontale de la base de fondation. On pourra donc diminuer la profondeur de la fouille en augmentant convenablement l'empattement de l'ouvrage, c'est-à-dire sa surface d'appui sur le terrain.

La profondeur y est d'autant moindre que le poids du mètre cube de fondation D est lui-même plus petit : il y a donc intérêt à faire emploi d'une maçonnerie de faible densité.

Avec un terrain de consistance médiocre, il doit être recommandé de ne pas faire usage, pour les fondations, de matériaux lourds, basalte (3.000 kg.), granit ou pierre calcaire dure, etc. ; il conviendra de recourir à l'emploi de matériaux légers, briques, meulière (1.200 à 1.500 kg.), béton de mâchefer (1.000 à 1.200 kg.), etc.

Le cas échéant, il sera convenable d'évider le massif de fondation, en vue de réduire son poids. En dehors de toute autre considération, il peut être nécessaire, au point de vue de la stabilité, qu'un édifice important, fondé dans un terrain de faible consistance, comporte des caves avec radiers maçonnés entre les murs de pourtour et les murs de refend, pour réduire la pression exercée sur le sol.

Toutes choses égales d'ailleurs, la profondeur y est d'autant moindre que le terrain a une plus grande densité Δ, que son angle de rupture φ est plus élevé, et qu'enfin l'inclinaison i du plan supérieur sur l'horizontale est plus faible. Pour faire ressortir l'influence relative de ces diverses circonstances, nous avons dressé un tableau numérique, qui donne les valeurs de y correspondant à une charge R de 1 k. par centimètre carré de surface horizontale d'appui, en attribuant : à Δ la valeur constante 1.800 k. ; à D les valeurs successives 2.400 k. et 1.200 k. ; à i les valeurs successives

0°, 15° et 30° ; à φ les valeurs successives 15°, 25°, 35°, 45°.

Profondeur minimum de la fouille de fondation

φ =	i = 0		i = 15°		i = 30°	
	D = 2400 k	D = 1200 k	D = 2400 k	D = 1200 k	D = 2400 k	D = 1200 k
15°	3m,51	2m,50	∞	16m,31	»	»
25°	1m,17	1m,03	1m,90	1m,56	»	»
35°	0m,45	0m,43	0m,62	0m,55	2m,22	1m,75
45°	0m,17	0m,16	0m,21	0m,20	0m,41	0m,41

Si le terrain a l'inclinaison du talus naturel ($i = \varphi$), la formule précédente devient : $y = \frac{R}{\Delta - D}$ · Pour obtenir une fondation stable, il faut de toute nécessité que la densité D des substructions soit inférieure à celle Δ de la terre ; on devra approfondir la fouille jusqu'à ce que la charge sur la base de fondation soit égale à celle qu'y exerçait la terre elle-même avant le déblai :

$$R + Dy = \Delta\, y.$$

En réalité, un terrain n'est presque jamais d'une homogénéité parfaite, et sa consistance va le plus souvent en s'améliorant avec la profondeur, parce que l'angle φ croît à partir de la surface libre.

Il en résulte qu'à un moment donné cet angle dépasse suffisamment l'inclinaison i de la surface libre pour qu'on puisse y asseoir la fondation, alors même que le poids spécifique de la maçonnerie serait égal ou supérieur à celui de la terre. Mais il peut en être autrement, par exemple si l'on doit construire sur une dune de sable fin, dont l'homogénéité est à peu près absolue : il est alors indispensable d'élargir la base de fondation, et d'évider la substruction pour réduire au minimum le poids spécifique D.

On a parfois fondé avec un succès complet des édifices considérables sur des terrains de nature médiocre, en substituant à la maçonnerie un remblai de bonne qualité, comme du sable, du gravier ou de la pierraille, pour le remplissage de la fouille de fondation. Cette disposition, qui *a priori* ne paraît justifiable que par une raison d'économie, peut également offrir des avantages sérieux au point de vue de la stabilité.

Il faut que la matière utilisée pour le remblai de la fouille soit à peu près incompressible, ait un angle de rupture notablement plus élevé que celui du terrain

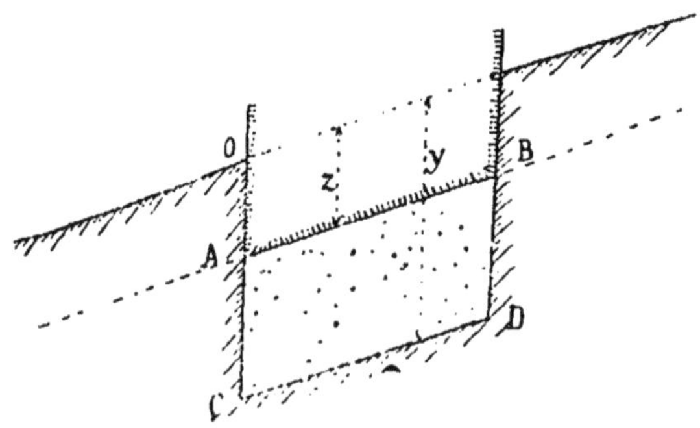

Figure 20.

naturel, et enfin soit moins pesante que la maçonnerie dont on aurait pu constituer le massif de fondation. Ces trois conditions ne peuvent être remplies que par un remblai formé d'éléments solides et dépourvus de plasticité : sable, gravier, pierres cassées, débris de maçonnerie, argile cuite, mâchefer, etc.

En principe, il y a lieu de prohiber l'emploi de

matières terreuses ou argileuses, à moins d'augmenter leur consistance par des additions convenables : chaux en poudre ou lait de chaux.

Soient Δ' et φ' la densité et l'angle de rupture de la matière sans cohésion dont on fera emploi. Le remplissage de la fouille ne devra être que partiel : il conviendra d'encastrer la maçonnerie dans le sol naturel sur une profondeur OA ou z, que nous allons déterminer. Le remblai occupera seulement la région inférieure ABCD. Les limites minima des profondeurs z et y se calculeront sans difficulté par les relations suivantes, justifiées par les raisons déjà énoncées ci-dessus, qu'il semble inutile de reproduire :

$$(R + Dz)\cos^2 i \frac{\cos i - \sqrt{\cos^2 i - \cos^2 \varphi'}}{\cos i + \sqrt{\cos^2 i - \cos^2 \varphi'}}$$

$$= \Delta z \cos^2 i \frac{\cos i + \sqrt{\cos^2 i - \cos^2 \varphi}}{\cos i - \sqrt{\cos^2 i - \cos^2 \varphi}};$$

$$[R + Dz + \Delta'(y - z)]\cos^2 i \frac{\cos i - \sqrt{\cos^2 i - \cos^2 \varphi}}{\cos i + \sqrt{\cos^2 i - \cos^2 \varphi}}$$

$$= \Delta y \cos^2 i \frac{\cos i + \sqrt{\cos^2 i - \cos^2 \varphi}}{\cos i - \sqrt{\cos^2 i - \cos^2 \varphi}}.$$

Si Δ' est sensiblement plus petit que D, on constatera que la substitution du gravier à la maçonnerie a pour conséquence de réduire la dépense non seulement en raison du moindre prix de la matière de remplissage, mais encore par suite d'une diminution appréciable du cube de la fouille. A égalité de profondeur de l'excavation, la seconde solution offrira plus de garantie contre le risque d'affaissement du sol.

Posons, à titre d'exemple numérique :

$i = o$; $\varphi = 20^{\circ}$; $\varphi' = 35^{\circ}$; R = 30.000 (3 k. par centimètre carré) ; D = 2.600 ; Δ = 1.800 ; Δ' = 1.600.

On trouve que si l'on s'en tient exclusivement à la maçonnerie pour le remplissage de la fouille, il faudra creuser à une profondeur de 6 m. 14. Mais on pourra se contenter d'une excavation de 5 m. 55, à condition de la remplir de gravier jusqu'à 2 m. 74 au-dessous du plan supérieur, le surplus du vide étant occupé par la maçonnerie. En définitive, on aura pu sans nuire à la stabilité, au point de vue de l'équilibre du terrain naturel, réduire de 6 m c. 14 à 5 m. c. 55 le volume de la fouille par mètre carré de surface horizontale, et remplacer 3 m. c. 40 de maçonnerie par 2 m. c. 71 de gravier.

On peut objecter à notre méthode de calcul que nous avons supposé la base de fondation arasée parallèlement à la surface libre du terrain, et par conséquent inclinée de i sur l'horizon, alors qu'il est de règle chez les constructeurs de niveler horizontalement le plafond de la fouille.

Cette pratique est évidemment justifiée et donne, pour une même profondeur de fouille, un surcroît de sécurité (Voir art. 43 : *Butée des terres*). Pour tenir compte de cette circonstance, il faudrait recourir à des calculs fort compliqués, qui ne procureraient pas de bénéfice appréciable au point de vue pratique. En pareille circonstance, il faut tabler sur l'incertitude où l'on se trouve toujours pour la fixation des données numériques du problème, sur l'hétérogénéité et sur l'irrégularité du terrain à traverser, etc. De sorte qu'en définitive il est prudent de majorer, en exécution, de

25 à 50 0/0 la profondeur calculée, pour se réserver une marge de sécurité convenable et parer à toutes les éventualités. Nous croyons dans ces conditions que notre méthode de calcul, toute sommaire et simplifiée qu'elle puisse paraître, est suffisante. Etablie sur des bases rationnelles, elle vaut à coup sûr mieux que la routine empirique et incertaine, qui jusqu'à présent à été la seule règle de conduite des constructeurs.

En terminant, nous croyons devoir insister sur ce point que l'emploi du gravier pour le remplissage de la fouille de fondation est une mesure économique et offrant des garanties de stabilité équivalentes, sinon supérieures, à celles que l'on doit attendre de la maçonnerie. Mais il doit être bien entendu que le remplissage ainsi effectué ne doit être que partiel : il faut encastrer la maçonnerie dans le terrain naturel, sur une profondeur z que l'on calculera par la formule énoncée ci-dessus, et que l'on majorera de 25 à 50 0/0. Ce n'est qu'au-dessous du niveau ainsi arrêté que le gravier devra être affecté au remplissage de l'excavation. A défaut de cette précaution, on s'exposerait à constater la rupture par affaissement et projection latérale de ce massif de gravier lui-même, dans le voisinage de la surface libre du sol.

Au lieu d'avoir une seule fouille de fondation, on établit parfois les ouvrages sur des massifs cylindriques isolés, remplissant des puits forés dans le terrain. Dans ce cas encore, on peut substituer à la maçonnerie du sable ou du gravier pour le remplissage des puits, jusqu'à la profondeur z au-dessous de la surface libre.

15. Compression préable du sol. — Si l'on pratique une excavation dans le sol, les lignes de charge, qui étaient antérieurement rectilignes et parallèles au plan

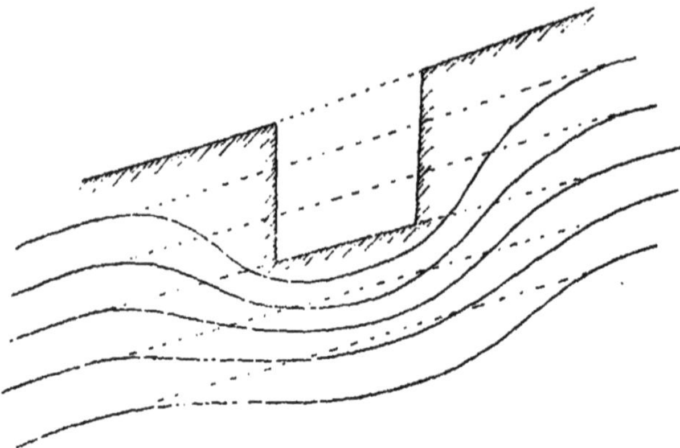

Figure 21.

supérieur, s'infléchissent et viennent passer au-dessous du plafond de la fouille (fig. 21).

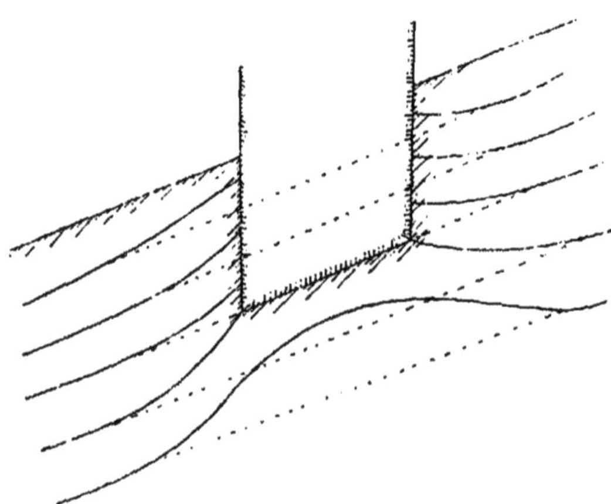

Figure 22.

Quant on remplit ensuite le trou avec de la maçonnerie, sur laquelle on élève la construction, les lignes de charge se redressent au-dessus de leur direction rectiligne primitive (fig. 22). Ce passage de l'un à l'autre état d'équilibre correspond à une augmentation notable des actions moléculaires : charge et poussée élémentaire. Le terrain ainsi comprimé éprouve une contraction, qui se traduit nécessairement par une augmentation correspondante du volume de la fouille. Or comme les dimensions transversales du massif de maçonnerie sont invariables, les parois latérales du trou ne subissent aucun recul. Par suite, l'accroissement de volume se manifeste par un abaissement du plafond. On constate donc toujours un tassement de la fondation, qui va en progressant avec la charge, au fur et à mesure qu'on élève l'édifice. Ce tassement est toujours très faible, et presque insignifiant, quant on a affaire à un terrain formé exclusivement d'éléments solides dépourvus de plasticité, dont le changement de volume n'est dû qu'à une contraction élastique : gravier, sable, pierrailles, etc. Il n'en est pas de même si le sol renferme des éléments terreux ou argileux, qui sous l'influence d'une poussée croissante sont susceptibles d'éprouver une contraction plastique notable : terre franche, tourbe, argile, terrains argilo-sableux, graviers et cailloux terreux, etc. Ces terrains ont pour propriété caractéristique de diminuer sensiblement de volume lorsque, après les avoir émiettés de façon à leur enlever toute cohésion et les avoir légèrement humectés, on leur fait subir un pilonnage énergique.

Si le tassement vertical, même considérable, est uniforme sur toute l'étendue de la fondation, il ne peut en résulter de conséquences fâcheuses pour la stabilité. Mais il arrive qu'en raison de l'irrégularité et de l'hétérogénéité du sol, ou par suite d'inégalités entre les charges appliquées sur les différentes zones de la fondation, le tassement présente de brusques variations, susceptibles de produire dans l'édifice des fractures et des lézardes, ou même des déversements de nature à compromettre son équilibre, sa solidité et sa durée.

Pour éviter ce mécompte, on peut songer à faire subir au terrain une compression préalable, de façon qu'il se trouve, avant même que l'on ait entrepris les maçonneries en élévation, à peu près dans l'état d'équilibre intérieur qu'il lui faudra atteindre lorsque sa charge sera complète.

Cette compression préalable peut s'effectuer tout simplement en élevant sur le sol un remblai de terre de poids équivalent à celui de l'ouvrage à construire plus tard. On attend que le tassement soit complètement achevé pour déblayer le cavalier de terre (fig. 17), et attaquer les maçonneries. Ce procédé a été souvent mis en pratique dans la traversée des vallées à fond marécageux par des lignes de chemin de fer.

Pour tout ouvrage à construire en dehors du thalweg, on commençait par comprimer le sol en conduisant le remblai au delà de son emplacement, puis déblayant au droit de la fondation à exécuter.

Danscertains cas, on a réalisé la compression préalable du terrain en y enfonçant des pieux en quinconce, dont chacun exerçait une pression énergique sur son pourtour, et refoulait la terre dont il venait prendre la place.

On peut ensuite retirer du sol chaque pieu, et remplir le vide cylindrique laissé par lui avec du béton, ou plus économiquement avec du gravier ou du sable.

Ce procédé de compression préalable a récemment été l'objet d'un perfectionnement notable. Le trou cylindrique, de 0 m. 90 à 1 m. 10, est directement pratiqué dans le sol au moyen d'un mouton conique à pointe aiguë, qu'on soulève à l'aide d'une sonnette pour le laisser retomber d'une grande hauteur. Quand on

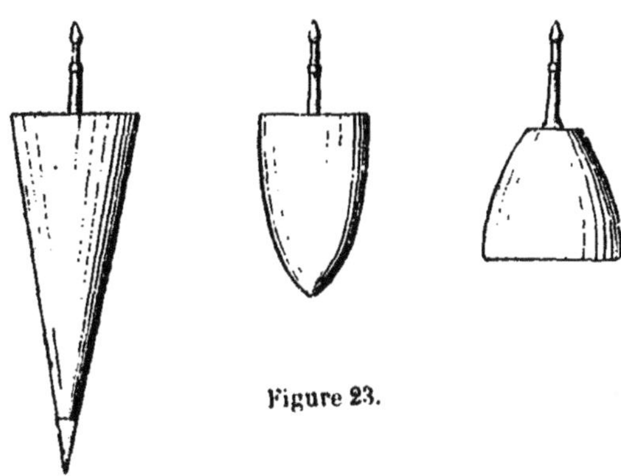

Figure 23.

est arrivé à la profondeur jugée convenable, on bourre le puits avec des matériaux incompressibles, scories

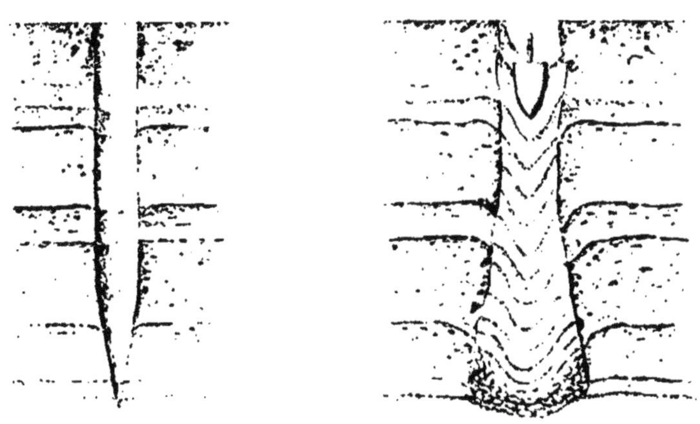

Figure 24.

ou débris solides mélangés d'un peu de mortier ou de lait de chaux, béton de chaux hydraulique ou de ciment ; on introduit ces matériaux par petites quantités, que l'on pilonne énergiquement avec un second mouton profilé comme un obus.

L'inventeur du procédé, M. *Dulac*, fait usage de moutons et pilons pesant 1.000 k., que l'on soulève au-dessus du sol jusqu'à une hauteur maximum de 10 mètres. Ce procédé présente l'avantage essentiel de produire une compression du terrain qui va en croissant depuis l'orifice jusqu'au fond : le résultat est mis en évidence par la forme tronconique qu'affecte le remplissage en matériaux incompressibles (fig. 24).

Considérons un massif de terre limité par deux plans verticaux AB et CD. Supposons-le à l'état d'équilibre inférieur, et admettons qu'on le comprime en exerçant une pression sur le plan AB. Pour obliger le massif à passer de l'état d'équilibre inférieur à des états d'équilibre intermédiaires, avec angle de glissement η constant, jusqu'à l'état d'équilibre supérieur, il faudra faire pivoter le plan AB autour de sa trace A sur la surface libre, de manière à faire subir aux tranches horizontales successives des contractions proportionnelles à leurs distances verticales à la surface libre. On retranchera de la sorte le triangle ABB' du rectangle ABCD.

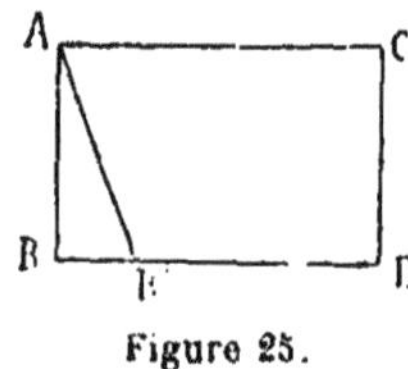

Figure 25.

Désignons par a la longueur AC. La contraction δa subie par cette dimension, quand on passe de l'état d'équilibre inférieur à l'état d'équilibre supérieur sera, en désignant par E' le coefficient de *plasticité* de la terre :

$$\delta a = \frac{a\,(\varphi' - \varphi)}{E} = \frac{4\,\delta}{E}\,ay\,\frac{\cos^3 i\,\sqrt{\cos^2 \varphi - \cos^2 i}}{\cos^2 \varphi}.$$

On voit l'intérêt pratique qu'offre un système de compression mécanique du sol permettant de réaliser cette contraction proportionnelle dans toutes les couches traversées par le massif de fondation.

Le système *Dulac* est inapplicable aux terrains incompressibles, sable, gravier, pierraille, pour lesquels la compression préalable serait d'ailleurs sans utilité appréciable. Il ne réussit guère dans les sols trop cohérents et élastiques, comme l'argile franche ou glaise ferme, qui résistent au mouton et le serrent de façon à rendre son relèvement difficile.

Il est évident d'autre part que l'on ne peut recourir à ce procédé dans les terrains trop mous, parce que les parois verticales du trou ne peuvent, après le soulèvement du mouton, se maintenir intactes ; il se produit un éboulement, et l'excavation se referme.

Mais cette pratique semble à recommander pour tous les autres terrains compressibles et de consistance moyenne.

Les effets de la compression préalable du sol semblent devoir durer indéfiniment, puisque le terrain se trouve dans un état d'équilibre stable, après qu'on a exécuté l'ouvrage porté par le sol de fondation. Il faut cependant remarquer que, si la consistance du terrain venait à se modifier par réduction de l'angle de rupture, il arriverait que les pressions existant dans la masse se trouveraient à un moment donné plus grandes que celles compatibles avec l'état d'équilibre supérieur. Il s'effectuerait alors une décompression par glissement des particules, et la stabilité de l'ouvrage en souffrirait. Tel peut être le cas d'un sol terreux ou argileux baignant dans une nappe d'eau ou soumis à une submersion prolongée, susceptible de l'amollir et de le réduire à l'état de masse pâteuse. Il ne paraît donc pas prudent de compter sur l'efficacité du procédé, au point de vue de la durée, pour des emplacements sujets aux inondations, alors même que le travail de compression du sol aurait pu être fait en bonne saison, et à l'abri des eaux. Il faudrait s'attendre à ce que le sol complètement imbibé revînt plus ou moins lentement à son état primitif d'équilibre. Tel serait le cas d'ouvrages fondés à sec dans le lit majeur de rivières sujettes à des crues prolongées, ou dans un étang ou réservoir au-dessous du plan d'eau de la retenue maximum, si le sous-sol est argileux ou terreux.

CHAPITRE TROISIÈME

ÉQUILIBRE D'UN MASSIF INDÉFINI LIMITÉ PAR DEUX PLANS

SOMMAIRE :

16. Equation de la ligne de poussée correspondant à l'état d'équilibre inférieur. — 17. Propriétés géométriques de la ligne de poussée. — 18. Epure des courbes de poussée. — 19. Etat d'équilibre supérieur. — 20. Lignes de rupture. — 21. Massif limité par deux surfaces libres planes. — 22. Massif limité par une surface libre plane et par un plan invariable. — 23. Influence sur l'équilibre intérieur du massif de l'angle de frottement de la terre sur le plan du mur. — 24. Massif compris entre deux plans invariables. — 25. Massif compris entre une surface libre plane et deux plans invariables divergents. — 26. Massif compris entre une surface libre horizontale et deux plans verticaux. — 27. Plans de glissement déterminés dans un massif par des bancs minces d'argile plastique. — 28. Hypothèse du prisme de plus grande poussée. — 29. Recherches expérimentales sur la poussée des terres.

CHAPITRE TROISIÈME

EQUILIBRE D'UN MASSIF INDÉFINI

LIMITÉ PAR DEUX PLANS

---

16. Equation de la ligne de poussée correspondant à l'état d'équilibre inférieur. — Le massif est compris entre les deux plans OA et OB, qui se coupent suivant une horizontale O perpendiculaire au plan de la figure.

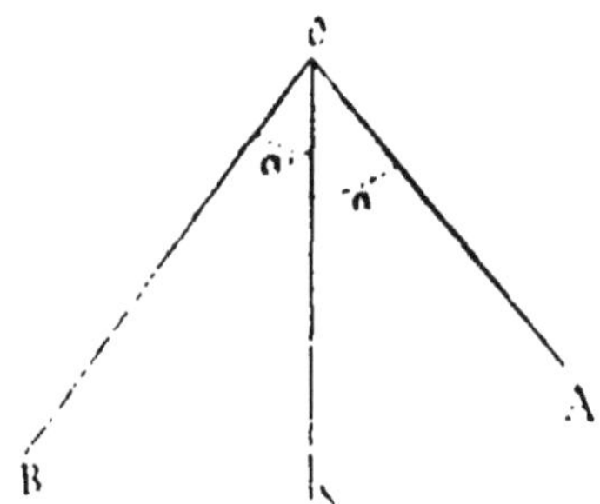

Figure 26.

Nous définirons les orientations des plans par les angles a et a' qu'ils font avec la verticale, chacun de ces angles étant compté positivement à droite de la verticale OS, et négativement dans le sens opposé.

Nous envisagerons tout d'abord le cas de l'équilibre limite inférieur, avec poussée minimum, défini par la relation suivante entre la poussée élémentaire q et la charge élémentaire p :

$$q = p \cos\omega \frac{\cos\omega - \sqrt{\cos^2\omega - \cos^2\varphi}}{\cos\omega + \sqrt{\cos^2\omega - \cos^2\varphi}} = p \cos\omega\, f(\omega).$$

Les lignes de charge sont des courbes homothétiques par rapport au point O. Les actions moléculaires conjuguées des éléments successifs d'une droite issue du point O sont parallèles, et leurs intensités sont proportionnelles aux distances de leurs points d'application au centre d'homothétie. La résultante des forces intérieures relatives à un segment de rayon polaire OM, est proportionnelle au carré de ce segment et passe aux deux tiers de sa longueur à partir de O.

Soit MN un élément de la ligne de poussée, qui est la ligne de charge limitant la tranche supérieure du massif pour laquelle la poussée totale Q est égale à $\frac{\Delta}{2}$ ·

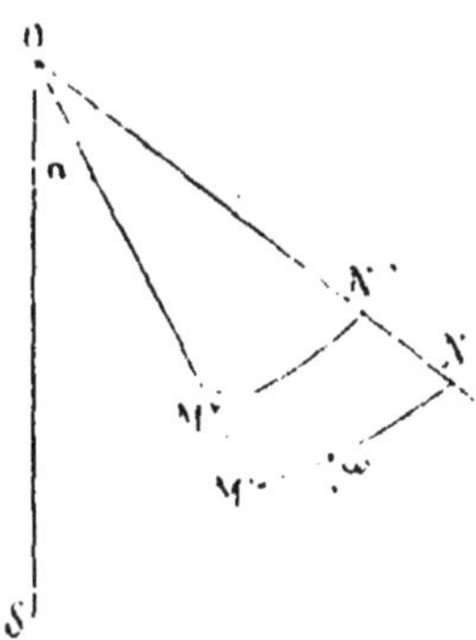

Figure 27.

Considérons l'élément M'N' correspondant, c'est-à-dire compris entre les mêmes rayons polaires, d'une ligne de charge infiniment voisine de la ligne de poussée, et, pour fixer les idées, située au-dessus.

Nous prendrons pour coordonnées du point M : le

rayon polaire OM ou ρ, l'angle SOM ou α du rayon OM avec la verticale OS, et l'inclinaison ω sur l'horizontale de la tangente en M à la ligne de poussée. L'angle α sera affecté du signe + ou du signe — suivant que le rayon OM sera à droite ou à gauche de la verticale OS ; l'angle ω sera positif si la ligne de poussée s'élève à droite du point M, d'après une convention déjà posée.

L'angle ω est nécessairement compris entre les limites extrêmes $+\varphi$ et $-\varphi$. L'angle α ne peut être supérieur à $\frac{\pi}{2}+\omega$, ni inférieur à $-\frac{\pi}{2}+\omega$, car l'angle M'MN, égal à $\frac{\pi}{2}+\alpha-\omega$, ne peut être ni plus petit que zéro, ni plus grand que π.

Les coordonnées du point M seront :

$$\rho+d\rho,\quad \alpha+d\alpha,\quad \text{et } \omega+d\omega.$$

On a, entre les trois variables ρ, α et ω, la relation connue : $d\rho=\rho\,\mathrm{tg}\,(\alpha-\omega)\,d\alpha$.

Nous désignerons par λ la distance infiniment petite MM' des deux lignes de charge, mesurée sur le rayon polaire. La distance NN' sera $\lambda+d\lambda$.

En raison de l'homothétie des deux lignes, on a :

$$\frac{\lambda+d\lambda}{\rho+d\rho}=\frac{\lambda}{\rho},\ \text{ou } d\lambda=\lambda\,\frac{d\rho}{\rho}.$$

La longueur MN a pour expression : $\frac{\rho\,d\alpha}{\cos(\alpha-\omega)}$, et la longueur M' N', $\frac{(\rho-\lambda)\,d\alpha}{\cos(\alpha-\omega)}$.

La surface du quadrilatère MNN'M' est $\lambda\rho\,d\alpha$. Si l'on désigne par Δ le poids du mètre cube de terre, le prisme, de hauteur égale à l'unité, ayant pour base le quadrilatère MNN'M' a un poids égal à $\Delta\lambda\rho\,d\alpha$.

Représentons par u et v les intensités des composantes horizontale et verticale de l'action moléculaire applquée sur l'élément MM′. Pour l'élément NN′, ces composantes seront : $u + du$ et $v + dv$. Enfin la charge élémentaire sur l'élément MN de la ligne de poussée sera désignée par p. Pour l'élément correspondant M′N′ de la ligne de charge, cette action moléculaire verticale sera $p - dp$. Le prisme MNN′M′ étant en équilibre, la somme des composantes horizontales des actions moléculaires appliquées sur ses quatre faces est nulle, et la somme de leurs composantes verticales est égale et de signe contraire à son poids $\Delta\lambda\rho\, d\alpha$, ce qui nous donne les deux conditions ;

$$(1)\quad u\lambda = (u + du)(\lambda + d\lambda);$$

$$(2)\quad v\lambda + \frac{p\rho\, d\alpha}{\cos(\alpha - \omega)} = (v + dv)(\lambda + d\lambda)$$
$$+ \frac{(p - dp)(\rho - \lambda)\, d\alpha}{\cos(\alpha - \omega)} + \Delta\lambda\rho\, d\alpha.$$

La première équation se réduit à : $du = -\frac{ud\rho}{\rho}$ soit $u\rho =$ constante.

Comme la résultante totale Q des actions moléculaires horizontales u appliquées de O en M, est égale par définition à $\frac{\Delta}{2}$, on en conclura que :

$$(3)\quad u = \frac{\Delta}{\rho}\ ;\ du = -\frac{\Delta\, d\rho}{\rho^2}.$$

Pour donner à la seconde équation d'équilibre, entre les forces verticales, sa forme définitive, il faut se reporter à l'article 4, page 18, où nous avons établi les formules qui lient les actions moléculaires u et v à la charge élémentaire p et à la poussée q :

On a :

$$q = p \cos\omega \frac{\cos\omega - \sqrt{\cos^2\omega - \cos^2\varphi}}{\cos\omega + \sqrt{\cos^2\omega - \cos^2\varphi}} = p \cos\omega\, f(\omega)\,;$$

$$u = q \frac{\cos(\alpha - \omega)}{\cos\omega}\,;$$

$$v = q \operatorname{tg}\omega \frac{\cos(\alpha - \omega)}{\cos\omega} + \frac{p \sin\alpha}{\cos\omega}\,.$$

Ces trois relations, combinées avec l'équation (3), nous fournissent les valeurs de q, p et v en fonction des variables ρ, α et ω :

$$q = u \frac{\cos\omega}{\cos(\alpha - \omega)} = \frac{\Delta}{\rho} \cdot \frac{\cos\omega}{\cos(\alpha - \omega)}\,;$$

$$(4)\ p = \frac{q}{\cos\omega} \frac{\cos\omega + \sqrt{\cos^2\omega - \cos^2\varphi}}{\cos\omega - \sqrt{\cos^2\omega - \cos^2}} = \frac{q}{\cos\omega} \mathrm{F}(\omega) = \frac{\Delta}{\rho} \cdot \frac{\mathrm{F}(\omega)}{\cos(\alpha - \omega)}\,.$$

En vertu de l'homothétie des lignes de charges, on a :

$$p - dp = p \frac{\rho - \lambda}{\rho}\,.$$

D'où :

$$(5) \qquad dp = \frac{\lambda p}{\rho}\,.$$

Enfin :

$$(6) \qquad v = \frac{\Delta}{\rho} \operatorname{tg}\omega + \frac{\Delta}{\rho} \cdot \frac{\sin\alpha}{\cos(\alpha - \omega)} \cdot \frac{\mathrm{F}(\omega)}{\cos\omega}\,.$$

$$(7) \qquad dv = \frac{dv}{d\rho} d\rho + \frac{dv}{d\alpha} d\alpha + \frac{dv}{d\omega} d\omega$$

$$= -\frac{\Delta}{\rho^2}\left(\operatorname{tg}\omega + \frac{\sin\alpha}{\cos(\alpha - \omega)} \cdot \frac{\mathrm{F}(\omega)}{\cos\omega}\right) d\rho$$

$$+ \frac{\Delta}{\rho} \frac{\mathrm{F}\,\omega}{\cos^2(\alpha - \omega)} d\alpha$$

$$+ \frac{\Delta}{\rho} \frac{d}{d\omega}\left(\frac{\sin\alpha}{\cos(\alpha - \omega)} \cdot \frac{\mathrm{F}(\omega)}{\cos\omega} + \operatorname{tg}\omega\right) d\omega.$$

L'équation d'équilibre (2) devient, après disparition des infiniment petits du premier ordre, qui se détruisent deux à deux, et suppression des infiniment petits du troisième ordre, négligeables devant ceux du second :

$$(8)\quad o = \lambda dv + vd\lambda - \frac{\rho d\rho d\alpha}{\cos(\alpha - \cdot)} - \frac{\rho\lambda d\alpha}{\cos(\alpha - \omega)} + \Delta\lambda\rho d\alpha$$

$$= dv + \frac{vd\rho}{\rho} - \frac{2\rho d\alpha}{\cos(\nu - \omega)} + \Delta\rho d\alpha$$

$$= -\frac{\Delta}{\rho^2}\left(\operatorname{tg}\omega + \frac{\sin\alpha}{\cos(\alpha - \omega)} \cdot \frac{F(\omega)}{\cos\omega}\right)d\rho + \frac{\Delta}{\rho} \cdot \frac{F(\omega)}{\cos^2(\alpha - \omega)}d\alpha$$

$$+ \frac{\Delta}{\rho}\frac{d}{d\omega}\left(\frac{\sin\alpha}{\cos(\alpha - \omega)} \cdot \frac{F(\omega)}{\cos\omega} + \operatorname{tg}\omega\right)d\omega + \frac{\Delta}{\rho^2}\operatorname{tg}\omega\, d\rho$$

$$+ \frac{\Delta}{\rho^2} \cdot \frac{\sin\alpha}{\cos(\alpha - \omega)} \cdot \frac{F(\omega)}{\cos\omega}d\rho - \frac{2\Delta F(\omega)}{\rho\cos^2(\alpha - \omega)}d\alpha + \Delta\rho d\alpha$$

$$= \frac{d}{d\omega}\left(\frac{\sin\alpha}{\cos(\alpha - \omega)} \cdot \frac{F(\omega)}{\cos\omega} + \operatorname{tg}\omega\right)d\omega - \frac{F(\omega)}{\cos^2(\alpha - \omega)}d\alpha + \rho^2 d\alpha.$$

L'équation de la ligne de poussée est en définitive :

$$(9)\quad \left(\frac{F(\omega)}{\cos^2(\alpha - \omega)} - \rho^2\right)d\alpha = \frac{d}{d\omega}\left(\frac{\sin\alpha}{\cos(\alpha - \omega)} \cdot \frac{F(\omega)}{\cos\omega} + \operatorname{tg}\omega\right)d\omega.$$

On a d'ailleurs entre les trois variables ρ, α et ω, la relation déjà énoncée : $d\rho = \rho\operatorname{tg}(\alpha\text{-}\omega)d\alpha$, qui peut également s'écrire :

$$\rho = Ae^{\int \operatorname{tg}(\alpha - \omega)\, d\alpha},$$

A étant une constante d'intégration à déduire des données du problème.

L'équation (9), qui peut être également mise sous la forme :

$$(10)\quad \int\left(\frac{2F(\omega)}{\cos^2\alpha - \omega} - \rho^2\right)d\alpha = \frac{\sin\alpha}{\cos(\alpha - \omega)} \cdot \frac{F(\omega)}{\cos\omega} + \operatorname{tg}\omega,$$

ne paraît pas intégrable.

On ne peut donc s'en servir pour le tracé de la ligne de poussée qu'en ayant recours à un calcul aux différences finies : on attribuera à la variable ω une série d'accroissements égaux (par exemple $\delta\omega = 1°$), et on calculera pour chacun les valeurs correspondantes de $\delta\alpha$ et $\delta\rho$. On déterminera de la sorte une série de points très rapprochés de la courbe, avec une précision suffisante pour les besoins de la pratique.

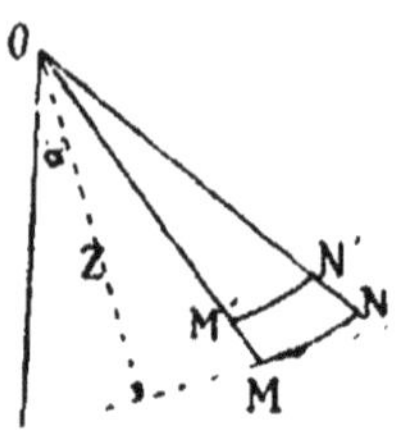

Figure 28.

Ces opérations numériques, longues et laborieuses, peuvent être facilitées par un changement de variable.

Soit z la distance du pôle O à la tangente à la ligne de poussée. On a :

$$z = \rho \cos(\alpha - \omega).$$

En substituant cette expression de ρ dans les équations précédentes, on obtient sans difficulté les relations suivantes :

$$(11)\quad (F(\omega) - z^2) \frac{d\alpha}{\cos^2(\alpha - \omega)} = \frac{d}{d\omega}\left(\frac{\sin\alpha}{\cos(\alpha - \omega)} \cdot \frac{F(\omega)}{\cos\omega} + \operatorname{tg}\omega\right) d\omega$$

ou :

$$(F(\omega) - z^2)\, d\alpha = -\sin\alpha \sin(\alpha - \omega) \frac{F(\omega)\, d\omega}{\cos\omega}$$

$$+ \sin\alpha \cos(\alpha - \omega) \frac{d}{d\omega}\left(\frac{F(\omega)}{\cos\omega}\right) d\omega + \frac{\cos^2(\alpha - \omega)}{\cos^2\omega}\, d\omega\,;$$

et :

$$dz = z \operatorname{tg}(\alpha - \omega)\, d\omega.$$

En éliminant l'angle α entre ces deux relations, on

obtient une équation différentielle du second ordre entre les seules variables z et ω :

$$(12)\quad (F\omega - z^2)\, d^2z = -(F\omega - z^2)\, z d\omega^2 - \frac{F\omega}{z} dz^2 + \frac{d\,(F\omega)}{d\omega} d\omega dz + zd\left(\frac{\operatorname{tg}\omega\,(1 + F\omega)}{d\omega}\right) d\omega^2.$$

Enfin, on pourrait prendre pour variable, au lieu de la distance z du pôle à la tangente, le carré de cette distance, que nous désignerons par la lettre w. Les équations deviendraient alors :

$$(13)\quad (F\omega - w)\, d\alpha = -\sin\alpha \sin(\alpha - \omega) \frac{F\omega d\omega}{\cos\omega} + \sin\alpha\cos(\alpha - \omega)\frac{d}{d\omega}\left(\frac{F\omega}{\cos\omega} + \operatorname{tg}\omega\right) d\omega\,;$$

$$dw = 2w \operatorname{tg}(\alpha - \omega)\, d\omega.$$

Si on élimine la variable α entre ces deux relations, on obtient l'équation différentielle du second ordre :

$$(14)\quad (F\omega - w)\, d^2w = -2\,(F\omega - w)\, w d\omega^2 - \frac{dw^2}{2} + \frac{dF\omega}{d\omega} d\omega dw + 2wd\,\frac{(\operatorname{tg}\omega\,(1 + F\omega)}{d\omega} d\omega^2.$$

L'avantage pratique qu'offre la substitution à la variable ρ de l'une des variables z ou w, est que ces dernières ont toujours des valeurs peu élevées, tandis que ρ tend dans certains cas vers l'infini.

17. Propriétés géométriques de la ligne de poussée. — Nous discuterons l'équation de cette ligne mise sous la forme :

$$(11)(F\omega - z^2)\frac{d\alpha}{\cos^2(\alpha - \omega)} = \frac{d}{d\omega}\left(\frac{\sin\alpha}{\cos(\alpha - \omega)} \cdot \frac{F(\omega)}{\cos\omega} + \operatorname{tg}\omega\right) d\omega.$$

En vertu de l'équation (7) de l'article précédent, le second membre de cette formule est l'expression de $\frac{dv}{d\omega}d\omega$, multipliée par $\frac{\rho}{\Delta}$.

Soit θ l'angle que fait la normale à l'élément plan MM', incliné sur la verticale de l'angle α, avec l'action moléculaire s conjuguée de cet élément.

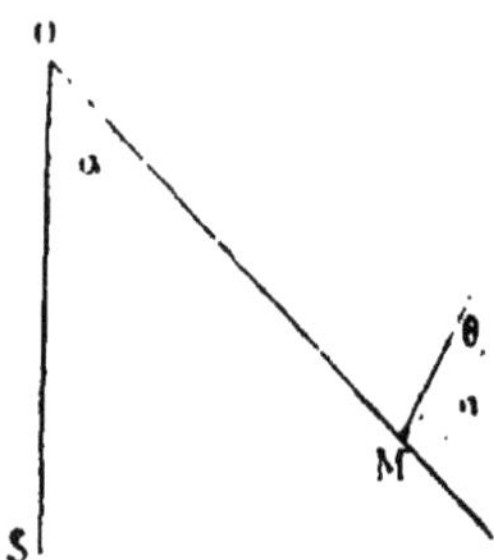

Figure 28.

Les composantes horizontale et verticale de la force intérieure s sont u et v.

D'où :

$$u = s \cos(\theta + \alpha);$$
$$v = s \sin(\theta + \alpha).$$

On sait que :

$$u = \frac{\Delta}{\rho};$$

d'où :

$$v = \frac{\Delta}{\rho}\left(\operatorname{tg}(\theta + \alpha)\right),$$

et :

$$\frac{\rho}{\Delta}\frac{dv}{d\omega}d\omega = \frac{d}{d\omega}\left(\frac{\sin\alpha}{\cos\alpha - \omega}\cdot\frac{F(\omega)}{\cos\omega} + \operatorname{tg}\omega\right)d\omega$$
$$= \frac{d}{d\omega}\operatorname{tg}(\theta + \alpha)d\omega.$$

Pour que le second membre de l'équation (11) s'annule, il faut donc que l'expression $\operatorname{tg}(\theta + \alpha)$ passe par un maximum ou un minimum, l'angle α étant constant et l'angle ω seul variable. Or, on sait que les valeurs extrêmes de θ sont $\pm \varphi$, et qu'elles sont atteintes quand le rayon polaire OM suit une direction de rupture relative à l'inclinaison ω de la ligne de charge.

En conséquence, le second membre de l'équation change de signe en passant par zéro, lorsque l'angle α est un des angles de rupture β ou γ, correspondant à l'inclinaison ω de la ligne de poussée.

Le premier membre de l'équation s'annule pour $F(\omega) - z^2 = o$. Or la relation $z = \sqrt{F(\omega)}$ est précisément l'équation de la droite de poussée relative au massif indéfini limité par une surface libre plane inclinée de ω sur l'horizontale. Cette droite fait partie du faisceau des courbes de poussée que nous étudions, puisqu'elle est définie par la double condition : $F\omega - z^2 = o$ et $d\omega = o$, qui constitue une solution particulière de l'équation différentielle :

$$(F\omega - z^2)\frac{d\alpha}{\cos^2(\alpha - \omega)} = \frac{d}{d\omega}\left(\frac{\sin\alpha}{\cos(\alpha - \omega)} \cdot \frac{F\omega}{\cos\omega}\operatorname{tg}\omega\right)d\omega.$$

Pour qu'une courbe du faisceau se raccorde avec une de ces droites, il faut que l'on ait à la fois :

$$F_\omega - z^2 = o;$$

et

$$\frac{d}{d\omega}\left(\frac{\sin\alpha}{\cos(\alpha - \omega)} \cdot \frac{F\omega}{\cos\omega} - \operatorname{tg}\omega\right) = o.$$

Le point de raccordement est par conséquent situé sur un des rayons OA ou OB, faisant avec la verticale les angles de rupture β ou γ relatifs à l'inclinaison ω (fig. 4).

Cette discussion nous conduit aux conclusions suivantes, en ce qui touche les propriétés géométriques des lignes de poussée.

Une ligne de poussée s'arrête dès que l'inclinaison ω de sa tangente atteint l'une des limites $+\varphi$ ou $-\varphi$, qu'elle ne peut dépasser.

Elle présente un point de rebroussement chaque fois que l'angle α a une des valeurs critiques β ou γ, correspondant aux directions de rupture pour l'inclinaison ω de sa tangente, parce qu'alors $d\alpha$ change de signe en passant par zéro.

Si les deux conditions :

$$\alpha = \beta \text{ (ou } \alpha = \gamma),$$

et

$$F\omega - z^2 = o$$

sont remplies en même temps, la courbe de poussée se raccorde avec la droite de poussée $F\omega - z^2 = o$.

Enfin, nous remarquerons que si l'angle α tend vers la limite $\frac{\pi}{2} + \omega$, alors que l'angle ω va en diminuant, la distance z tend vers zéro. On a en effet :

$$dz = z \operatorname{tg} (\alpha - \omega) d\omega.$$

Comme $d\omega$ est négatif, z décroît au fur et à mesure que α augmente. A la limite, pour

$$\alpha = \frac{\pi}{2} + \omega + d\omega,$$

on trouve :

$$dz = - z,$$

et la distance z s'annule.

En conséquence, dans le cas envisagé, la courbe des poussées est asymptotique au rayon d'inclinaison ω, issu du pôle O.

18. Epure des courbes de poussée. — Reportons-nous à l'épure des droites de poussée relatives à un massif indéfini limité par une surface libre plane, en ne conservant que la portion de cette épure qui se rapporte à l'état d'équilibre inférieur (fig. 12).

Soit AB la droite de poussée dont l'inclinaison sur l'horizontale est i. Les directions de rupture s'obtiendront en joignant le pôle O aux points d'intersection A et B de cette droite avec les lignes en croix V'SV et W'SW, d'inclinaisons $-\varphi$ et $+\varphi$.

Il existe un faisceau de courbes de poussée partant du point A, où elles se raccordent avec la droite AB ($F\omega - z' = o$; $\alpha = \beta$).

Ce faisceau se subdivise en plusieurs groupes comme il suit :

Groupe 1. — La courbe traverse l'angle VSW et vient se raccorder sur la droite SW, en un point C situé au-dessous de B, avec une droite de poussée dont l'inclinaison i' est plus grande que i.

La dernière courbe de ce groupe est asymptotique à la droite SW, d'inclinaison $+\varphi$.

Groupe 2. — La courbe traverse l'angle VSZ et s'arrête en un point a situé dans l'angle ZSV ($\omega = \varphi$).

La dernière courbe de ce groupe a son point d'arrêt sur la verticale SZ.

Groupe 3. — La courbe présente dans l'angle VSZ un point de rebroussement r ($\alpha_\omega = \beta_\omega$), suivi d'un point d'arrêt a ($\omega = \varphi$).

Groupe 4. — La courbe part de A en s'éloignant de la verticale OS, présente un premier point de rebroussement r, dans l'angle A'AV, traverse l'angle ASB, a un second point de rebroussement r' en dehors de l'angle, et se raccorde à une droite de poussée d'inclinaison i' inférieure à i.

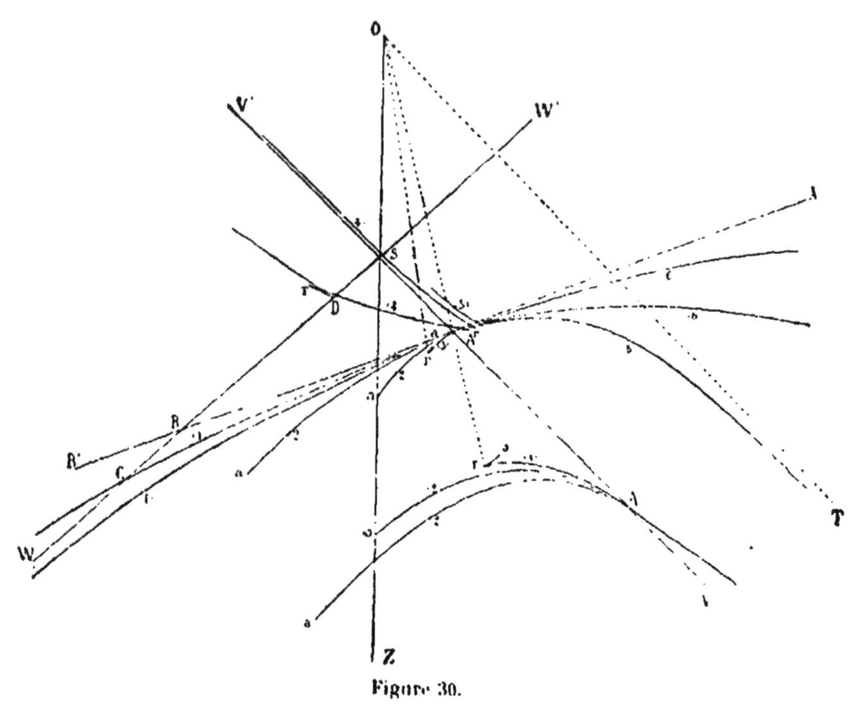

Figure 30.

La dernière courbe de ce groupe est asymptotique à la droite VV', d'inclinaison $-\varphi$.

Groupe 5. — La courbe a un seul point de rebroussement r dans l'angle A'AV, suivie d'un point d'arrêt dans l'angle OSV.

Groupe 6. — La courbe, qui n'a ni point d'arrêt ni point de rebroussement, est asymptotique à l'un des rayons polaires issus du point O, dont l'inclinaison est comprise entre $-\varphi$ et i.

La première courbe de ce groupe est asymptotique au rayon OT, parallèle à V'V.

La dernière courbe est la droite AA' elle-même.

On se rend compte qu'un faisceau analogue de courbes de poussée part du point B sur la droite de poussée d'inclinaison i, en se raccordant avec cette droite. Toutes les remarques précédentes s'appliquent sans changement à ce faisceau, qui a une disposition générale symétrique du précédent par rapport à la verticale.

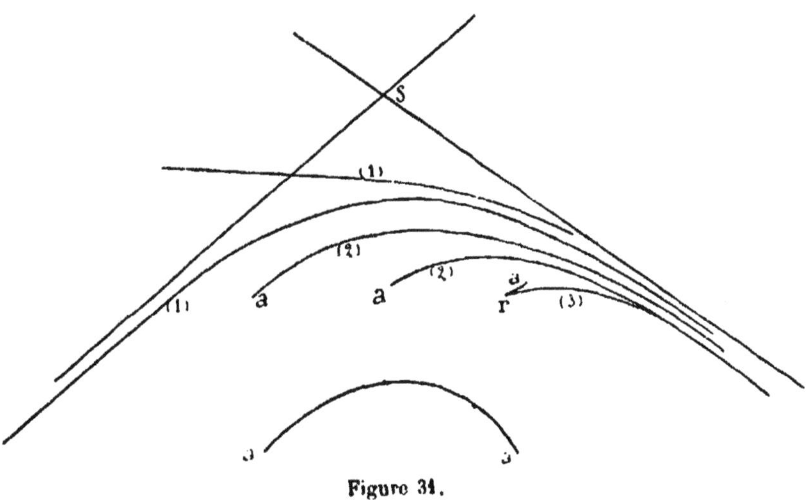

Figure 31.

La figure 31 se rapporte au cas particulier où la droite de poussée que l'on considère se confond avec la ligne SV : $i = -\varphi$. Le point B se trouve reporté en S, et le point A est rejeté à l'infini.

En outre de ces courbes, qui se raccordent avec les droites de poussée, il en existe d'autres qui sont terminées à leurs deux extrémités par des points d'arrêt ($\omega = +\varphi$ et $\omega = -\varphi$), avec ou sans points de rebroussement. Elles correspondent aux valeurs très petites ou très grandes de la variable z. Elles n'offrent que peu d'intérêt, et nous nous bornerons à signaler leur existence.

Les deux branches d'une même courbe aboutissant à un point de rebroussement ne peuvent coexister dans un massif : un même rayon polaire les rencontrerait toutes deux, et par conséquent deux lignes de charge, de directions différentes, passeraient en un point du plan, ce qui est impossible.

D'autre part, il faut que le massif considéré se réduise à la région occupée par la courbe que l'on envisage, de façon que tous les rayons polaires menés à son intérieur rencontrent la ligne de poussée.

En conséquence, pour une ligne déterminée, les deux plans limitant le massif correspondant seront à l'intérieur des plans parallèles à ses tangentes extrêmes (ou aux droites de poussée qui font partie de la ligne), si cette courbe s'étend à l'infini ; ou des plans menés soit par ses points d'arrêt, soit par ses points de rebroussements, auxquels il convient de s'arrêter.

Comme l'inclinaison des tangentes extrêmes ne peut dépasser les limites $+\varphi$ et $-\varphi$, on en concluera que dans le présent problème, les inclinaisons a et a' des deux plans limitant le massif (fig. 26) ont pour maxima absolus : $\frac{\pi}{2} + \varphi$ et $-\frac{\pi}{2} + \varphi$.

Si, au lieu d'envisager la solution purement analytique, on s'en tient à la solution pratique, en ne conservant d'une courbe à points de rebroussement que l'aire comprise entre ces points, ou entre un de ces points et un point d'arrêt, on constate que l'angle mutuel des deux plans limitant le massif $(a - a')$ ne peut excéder deux droits. Dans ce cas limite, les deux plans se réduisent à un seul, et l'on retombe sur le problème traité dans le paragraphe précédent : la courbe de poussée est la droite : $z = \sqrt{F(i\varphi)}$.

19. Etat d'équilibre supérieur. — Les recherches faites pour l'état d'équilibre inférieur s'appliquent à l'état d'équilibre supérieur, sans autre changement que la substitution dans les équations de l'article 16 de la fonction :

$$f(\omega), \text{ ou } \frac{\cos\omega - \sqrt{\cos^2\omega - \cos^2\varphi}}{\cos\omega - \sqrt{\cos^2\omega - \cos^2\varphi}},$$

à la fonction inverse :

$$F(\omega), \text{ ou } \frac{\cos\omega + \sqrt{\cos^2\omega - \cos^2\varphi}}{\cos\omega - \sqrt{\cos^2\omega - \cos^2\varphi}}.$$

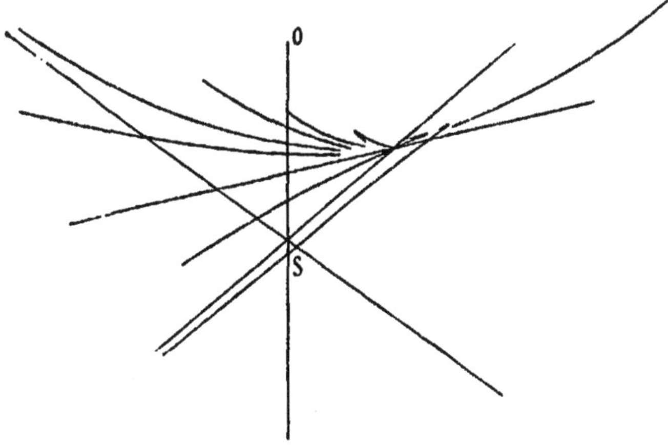

Figure 32.

On obtiendra des résultats analogues, sauf que la disposition de l'épure se trouvera renversée, l'angle V'SW' étant substitué à l'angle VSW, et *vice versa*. La décomposition en groupes successifs du faisceau de courbes, qui se raccorderont au même point avec une droite de poussée, sera identique.

Il y a lieu toutefois de remarquer que pour les courbes se prolongeant jusqu'à l'infini, la distance z de la tangente au pôle, au lieu de tendre vers zéro quand l'angle α croît jusqu'à $\frac{\pi}{2} + \omega$, comme dans le cas précédent, ira au contraire en augmentant jusqu'à l'infini.

En effet, dans l'équation $\delta z = z \operatorname{tg}(\alpha - \omega) d\omega$, $d\omega$ est positif. A la limite, pour $\alpha = \frac{\pi}{2} + \omega - \delta\omega$, on trouve $dz = z$.

La distance z est ainsi la somme d'une série, dans laquelle le rapport d'un terme au précédent va en croissant jusqu'à l'unité. Cette série est divergente, et on en conclut que la valeur limite de z est l'infini.

La tangente extérieure de la courbe est donc rejetée à l'infini.

L'angle mutuel $a - a'$ des deux plans entre lesquels est compris le massif peut atteindre la valeur maximum $2\pi + 2\varphi$; $\left(a = \frac{\pi}{2} + \varphi\,;\, a' = -\frac{\pi}{2} - \varphi\right)$. Mais il ne peut descendre au-dessous de 2π, si l'on envisage non pas la solution purement analytique, mais la solution pratique du problème, qui ne comporte pas la coexistence de deux branches d'une même courbe séparées par un point de rebroussement.

Pour $a - a' = 2\pi$, on retombe sur le cas déjà étudié du massif limité par un plan indéfini.

20. Lignes de rupture. — Les lignes de rupture sont des courbes qui, en chaque point, font avec la verticale un des angles de rupture β ou γ, dans le cas d'équilibre inférieur, β' ou γ' dans le cas d'équilibre supérieur, correspondant à l'inclinaison sur l'horizontale ω de la tangente à la ligne de charge. Deux de ces courbes passent en chaque point du plan.

21. Massif limité par deux surfaces libres planes. — Supposons que les deux plans entre lesquels est compris le massif soient des surfaces libres.

1. — Nous envisagerons d'abord le cas où ces plans font un angle mutuel saillant : $\widehat{NON'} < 2\pi$.

Etat d'équilibre inférieur. — Les droites de poussée AB et A'B' relatives aux deux plans sont conservées

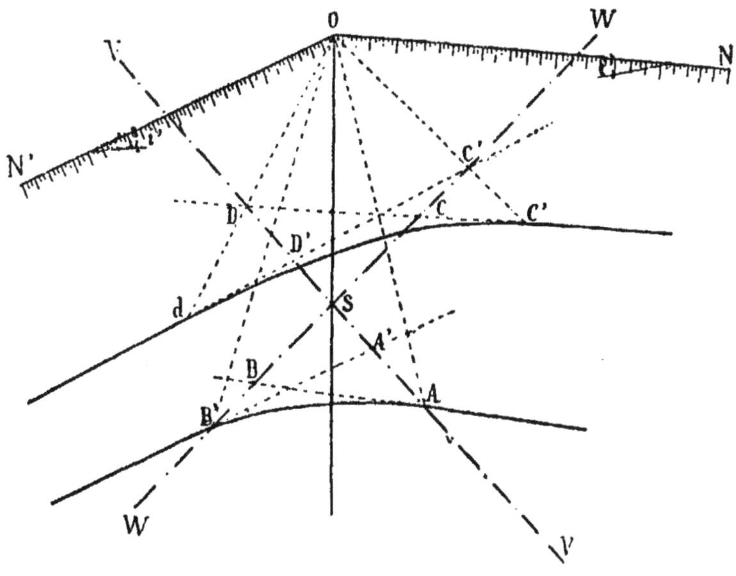

Figure 33.

chacune jusqu'à leur pénétration dans l'angle VSW, et se raccordent de A à B' par une courbe appartenant au groupe 1 de l'article 18.

Etat d'équilibre supérieur. — Les droites de poussée sont CD et C'D'. La courbe théorique de poussée, avec angle de glissement égal à la limite φ, qui pourrait raccorder ces deux droites en C et D', présente deux points de rebroussement (groupe 4 de l'article 19). Elle est donc irréalisable.

Cela signifie que l'état d'équilibre supérieur est incompatible avec les données du problème, c'est-à-dire avec l'existence de l'angle saillant.

La courbe de raccordement des deux droites de poussée comporte des valeurs de l'angle de glissement inférieures à φ, et correspond par conséquent à un état d'équilibre stable, tout au moins pour la partie du massif avoisinant l'angle saillant.

La recherche de cette courbe serait un problème assez difficile à traiter, parce que l'angle de glissement η deviendrait une variable. Nous estimons *a priori* qu'il existe une infinité de courbes de raccordement de ce genre, comprises entre deux lignes extrêmes qui sont :

Une courbe asymptotique aux deux droites de poussée ;

Une courbe raccordant ces droites à partir des points de rencontre *c'* et *d* de chacune d'elles avec la seconde direction de rupture, OC' ou OD, de l'autre.

Il paraît évident, en effet, que les droites de poussée ne peuvent être conservées dans la région angulaire *doc'*, où les directions de rupture s'entrecroisent, parce que cette région est influencée par les deux plans de surface libre.

Il pourrait arriver que l'une des directions de rupture, OC' par exemple, fût parallèle à la droite de poussée CD, auquel cas le point *c'* se trouverait rejeté à l'infini ; la courbe de raccordement limite serait alors asymptotique à cette droite de poussée.

Si les droites OC′ et DC étaient divergentes, la courbe de raccordement aurait pour asymptote ou tangente extrême, pour le plan ON, une parallèle à ce plan située au-dessous de la droite de poussée DC : l'angle de glissement η demeurerait inférieur à la limite φ dans toute l'étendue de la région du massif sous la surface libre ON.

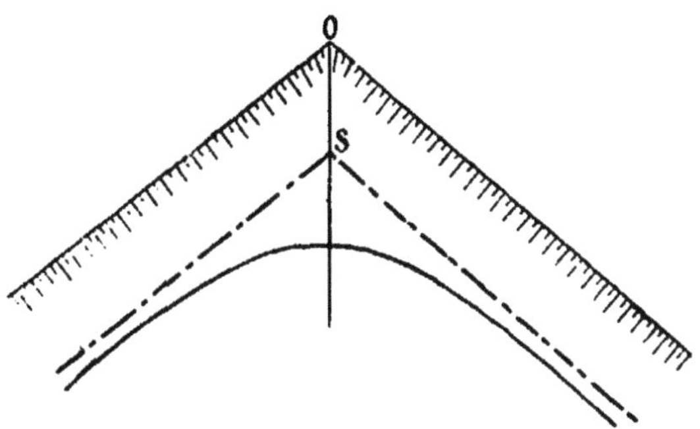

Figure 34.

La figure 34 se rapporte au cas où les deux plans de surface libre ont les inclinaisons limites $-\varphi$ et $+\varphi$.

II. — Envisageons à présent le cas de deux plans OM et ON formant un angle mutuel rentrant : $\widehat{NON'} > 2\pi$.

La courbe de raccordement des droites de poussée ne peut alors correspondre en tous ses points à l'angle de rupture φ que si le massif est dans l'état d'équilibre supérieur (courbe du groupe 1 de l'article 19) (fig. 35).

Dans l'hypothèse contraire, la partie de terrain avoisinant l'angle rentrant est nécessairement dans un état d'équilibre intermédiaire stable, avec angle de glissement η variable, mais inférieur à φ.

Les observations que nous avons présentées pour le cas précédent peuvent être reproduites ici sans changement. La courbe limite de raccordement est tangente aux droites de poussée, au point de rencontre de chacune d'elles avec la seconde direction de rupture relative à l'autre, et passant par le sommet O de l'angle

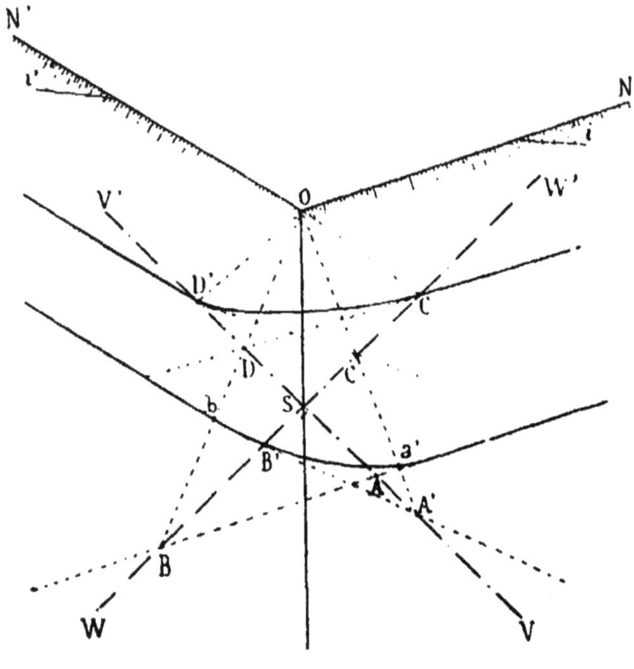

Figure 35.

rentrant. Si ce point de rencontre est rejeté à l'infini, la courbe est asymptotique à la droite de poussée ; si le rayon de rupture et la droite divergent, la tangente extrême à la courbe est parallèle au plan de la surface libre, mais située au-dessus de la droite de poussée.

La figure 36 se rapporte au cas où les deux plans de surface libre ont les inclinaisons limites $+\varphi$ et $-\varphi$.

Dans chaque cas considéré, les lignes de rupture du massif s'obtiendront par l'application de la règle énoncée à l'article 20, après avoir tracé les lignes de charge. A titre d'exemple nous indiquons ci-joint les lignes de rupture relatives à un massif à angle saillant, pour l'état d'équilibre inférieur, dans les deux cas où l'on a défini les orientations des surfaces libres par les données : $i = o$; $i' = + \varphi$ (fig. 37) ; $i = - \varphi$; $i' = + \varphi$ (fig. 38).

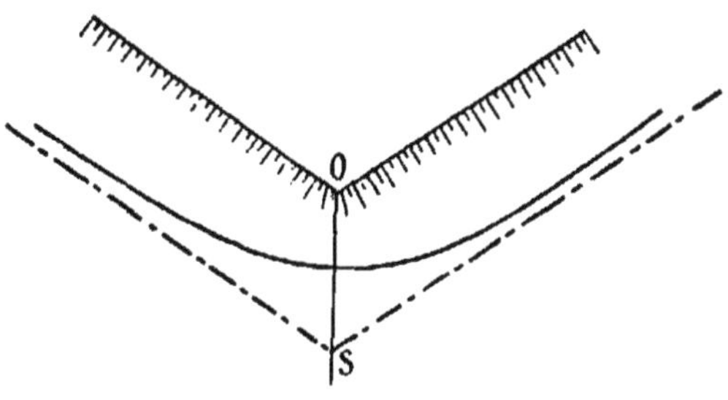

Figure 36.

Si le massif comporte un angle rentrant, les lignes de rupture ne peuvent être tracées que pour la région où l'angle de glissement atteint la valeur limite φ. Pour

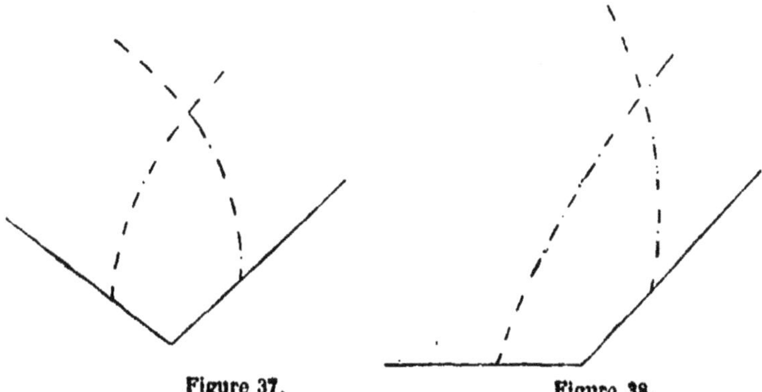

Figure 37. Figure 38.

la zone angulaire avoisinant le sommet O, où l'angle de glissement descend au-dessous de φ, il n'y a plus de lignes de rupture : cette région, coincée entre les deux parties latérales du massif, n'est pas susceptible de se rompre par affaissement. Elle ne peut être rompue que par refoulement, si les deux parties latérales se rapprochent en la comprimant jusqu'à ce que l'état d'équilibre supérieur soit atteint et dépassé.

22. Massif limité par une surface libre plane et par un plan invariable. — La vérification des conditions de stabilité des murs de soutènement est basée sur la résolution de ce problème. C'est pourquoi nous le traiterons avec quelque détail.

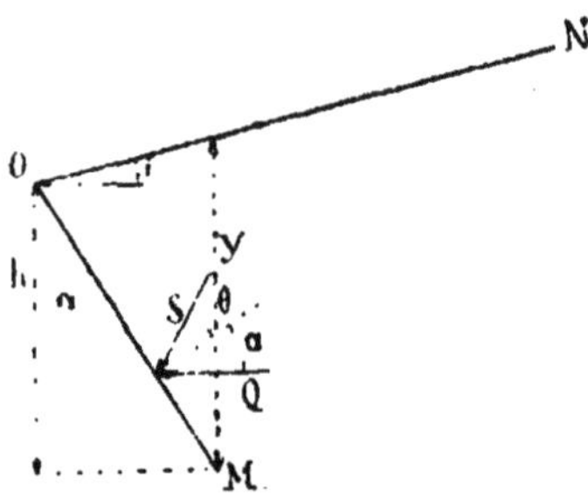

Figure 39.

L'orientation de la surface libre ON est définie par son inclinaison i sur l'horizontale, positive ou négative, suivant que cette surface s'élève ou s'abaisse à partir de son intersection horizontale O avec le plan invariable OM, parement intérieur du mur de soutènement, que nous appellerons simplement le *plan du mur*. L'orientation de ce plan sera définie par son angle α avec la verticale, positif ou négatif suivant que le mur présente du fruit, ou bien est en surplomb du côté des terres.

Si nous désignons par S la réaction exercée par le massif sur le plan du mur, réaction qui passe aux deux tiers de la longueur OM, cette force peut être définie : 1° par sa composante horizontale Q, que nous avons qualifiée de *poussée* ; 2° par l'angle θ que sa direction fait avec la normale au plan du mur. On conviendra de compter positivement cet angle si la composante tangentielle de S, c'est-à-dire parallèle à OM, est dirigée de O vers M, et négativement dans l'hypothèse contraire.

On a alors entre S et Q la relation :

$$Q = S \cos(\theta + \alpha).$$

Désignons par h la distance verticale du couronnement O du mur à son arête inférieure M.

Si la ligne de poussée est tout simplement la droite relative au plan indéfini ON $[z^2 = f(i)]$, d'inclinaison i, les valeurs de Q et de θ seront fournies par les relations établies précédemment (art. 10), que nous reproduirons ici en y introduisant la hauteur

$$h = y \frac{\cos\alpha \cos i}{\cos(\alpha - i)}.$$

Etat d'équilibre inférieur :

$$Q = \frac{\Delta y^2}{2} \cos^2 i . \frac{\cos i - \sqrt{\cos^2 i - \cos^2\varphi}}{\cos i + \sqrt{\cos^2 i - \cos^2\varphi}}$$

$$= \frac{\Delta h^2}{2} \cdot \frac{\cos^2(\alpha - i)}{\cos^2\alpha} \cdot \frac{\cos i - \sqrt{\cos^2 i - \cos^2\varphi}}{\cos i + \sqrt{\cos^2 i - \cos^2\varphi}};$$

$$\operatorname{tg}\theta = \frac{\sin\varphi . \sin(2\alpha - \beta + \gamma)}{1 - \sin\varphi \cos(2\alpha - \beta + \gamma)}.$$

Etat d'équilibre supérieur :

$$Q = \frac{\Delta h^2}{2} \cdot \frac{\cos^2(\alpha - i)}{\cos^2\alpha} \cdot \frac{\cos i + \sqrt{\cos^2 i - \cos^2\varphi}}{\cos i - \sqrt{\cos^2 i - \cos^2\varphi}};$$

$$\operatorname{tg}\theta = \frac{\sin\varphi \sin(2\alpha + \beta' - \gamma')}{1 + \sin\varphi \cos(2\alpha + \beta' - \gamma')}.$$

Les angles β, γ, β' et γ' sont les angles de rupture définis à l'article 4, qui sont des fonctions connues des données i et φ. Nous avons d'ailleurs signalé (art. 16) que l'on peut substituer aux opérations numériques des constructions géométriques simples pour le calcul de Q et θ.

Nous examinerons successivement plusieurs cas particuliers, correspondant à différentes valeurs de l'inclinaison i.

I. $i = + \varphi$. — La surface libre va en s'élevant à partir de la crête du mur.

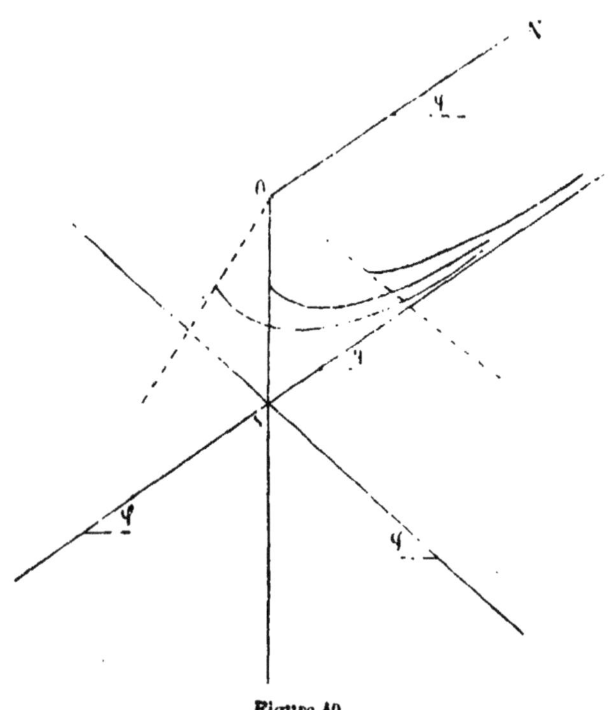

Figure 40.

Etat d'équilibre inférieur. — La ligne de poussée est la droite $z = 1$, d'inclinaison φ, quelle que soit l'orientation du plan du mur : l'angle α peut varier de la limite supérieure $\frac{\pi}{2} + \varphi$ à la limite inférieure $-\frac{\pi}{2} + \varphi$, pour laquelle la poussée s'annule ; le plan du mur est alors dans le prolongement de la surface libre.

Etat d'équilibre supérieur. — La ligne de poussée est une courbe asymptotique à la droite : $z = 1$.

Si α est positif, la courbe touche le plan du mur en un point de rebroussement. L'angle d'orientation α du mur est ici l'angle critique γ' relatif à l'inclinaison de la courbe. On a en conséquence : $\theta = -\varphi$; la réaction S fait avec l'horizontale l'angle $\alpha - \varphi$.

Si α est nul (parement du mur vertical), cette condition est encore remplie : $\omega = -\varphi$.

Si α est négatif, la courbe de poussée a son point d'arrêt ($\omega = -\varphi$) sur le plan du mur.

D'où :

$$\operatorname{tg} \theta = \frac{-\sin \varphi \cos (2\alpha + \varphi)}{1 - \sin \varphi \sin (2\alpha + \varphi)}.$$

L'angle θ s'élève de $-\varphi$ à $+\varphi$ quand l'angle α varie de o à sa limite extrême $-\frac{\pi}{2} - \varphi$, pour laquelle la courbe de poussée est asymptotique à la droite $z = 1$, d'inclinaison $-\varphi$. Le plan du mur, symétrique du plan OM, est alors lui-même une surface libre. On a : $\theta + \alpha = -\frac{\pi}{2}$, et la poussée est nulle, la réaction S étant verticale, et dirigée de bas en haut.

II. $o < i < \varphi$. — La surface libre va en s'élevant à partir de la crête du mur.

Etat d'équilibre inférieur. — Pour toute valeur positive de α comprise entre la limite supérieure $\frac{\pi}{2} + i$

et l'angle de rupture β_i relatif à l'inclinaison i, la courbe de poussée est la droite d'inclinaison i : $z = \sqrt{F(i)}$.

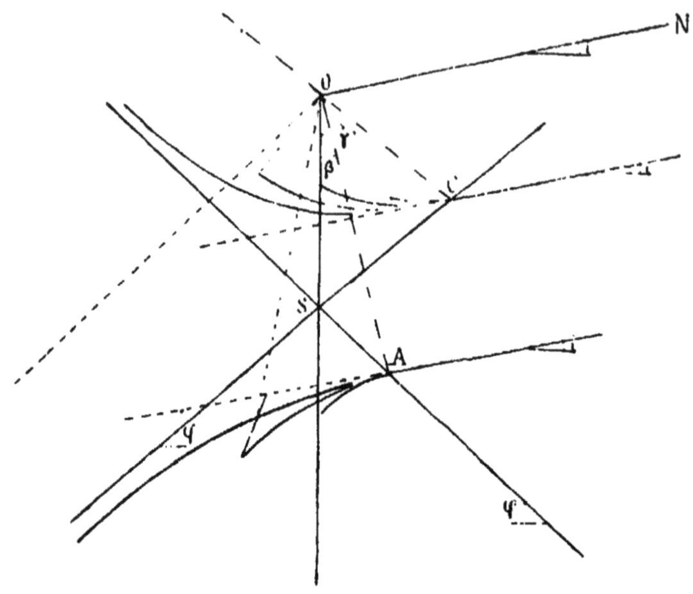

Figure 41.

Pour toute valeur de α comprise entre cet angle β_i et zéro, la courbe de poussée limite, partant du point A de la droite de poussée, tourne sa concavité vers le bas de la figure et rencontre le plan du mur en un point de rebroussement; par conséquent α est l'angle critique β_ω relatif à l'inclinaison ω de la tangente extrême à la courbe, et l'on a : $\theta = + \varphi$ sur le plan du mur.

Pour $\alpha = o$, cette condition est encore remplie : $\omega = + \varphi$, et $\theta = \varphi$.

Pour toute valeur négative de α comprise entre zéro et la limite extrême $-\frac{\pi}{2} + \varphi$, la courbe de poussée issue du point A rencontrera le plan du mur en un point d'arrêt : $\omega = + \varphi$.

On a :

$$\operatorname{tg} \theta = \frac{\sin \varphi \cos (2\alpha - \varphi)}{1 + \sin \varphi \sin (2\alpha - \varphi)}.$$

A la limite, pour $\alpha = -\frac{\pi}{2} + \varphi$, le plan du mur est une surface libre : la courbe de poussée est asymptotique à la droite de poussée d'inclinaison $+ \varphi$: $z = 1$.

La poussée est nulle, car on trouve : $\theta + \alpha = -\frac{\pi}{2}$.

Etat d'équilibre supérieur. — Pour toute valeur positive de α comprise entre la limite supérieure $\frac{\pi}{2} + i$ et l'angle de rupture γ'_i relatif à l'inclinaison i, la ligne de poussée est la droite d'inclinaison i : $z = \sqrt{f(i)}$.

Pour toute valeur de α comprise entre γ'_i et zéro, la courbe de poussée limite part du point C, sur la droite de poussée, tourne sa concavité vers le hautde la figure et rencontre le plan du mur en un point de rebroussement : l'angle α est l'angle critique γ'_ω relatif à l'inclinaison de la tangente à la courbe, et l'on a : $\theta = - \varphi$.

Pour toute valeur de α comprise entre zéro et $-\left(\frac{\pi}{2} + \varphi\right)$, la courbe de poussée issue du point C rencontre le plan du mur en un point d'arrêt : $\omega = - \varphi$, et

$$\operatorname{tg} \theta = \frac{\sin \varphi \cos (2\alpha + \varphi)}{1 - \sin \varphi \cos (2\alpha + \varphi)}.$$

A la limite pour $\alpha = -\left(\frac{\pi}{2} + \varphi\right)$, la courbe est asymptotique à la droite de poussée d'inclinaison $- \varphi$. On a : $\theta + \alpha = -\frac{\pi}{2}$, et la poussée est nulle.

Etats d'équilibre intermédiaires. — Dans la région

du plan comprise entre les deux courbes limites, relatives à des valeurs déterminées de φ, i et α, que nous venons d'étudier, on peut intercaler une infinité de courbes de poussée, correspondant à des états d'équilibre intermédiaires. Nous dirons quelques mots de cer-

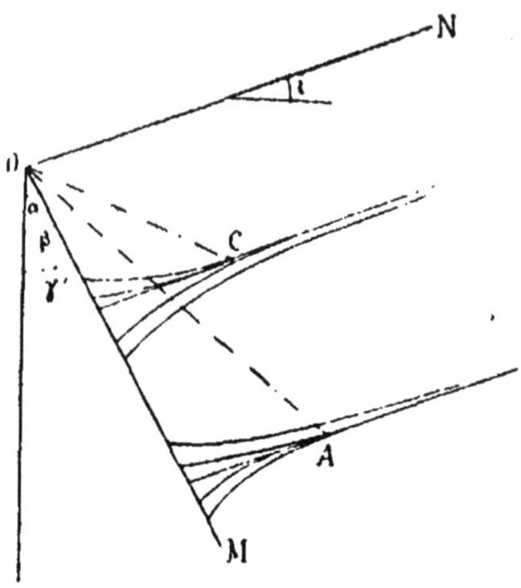

Figure 12.

taines d'entre elles qui peuvent présenter quelque intérêt.

1° Entre chaque droite de poussée et la courbe limite qui se raccorde avec elle sur la direction de rupture (β ou γ') issue du point O (en A ou C), existent une série de courbes, partant également des points A ou C tangentiellement à la ligne de poussée, et correspondant à l'angle de rupture φ.

C'est le groupe des courbes limites qui se rapportent à des valeurs décroissantes de l'angle α, depuis celles relatives au plan du mur que l'on considère jusqu'aux limites $-\left(\frac{\pi}{2} - \varphi\right)$ pour l'état d'équilibre inférieur, et $-\left(\frac{\pi}{2} + \varphi\right)$ pour l'état d'équilibre supérieur.

Comme chacune de ces courbes rencontre le plan du mur en avant de son point de rebroussement (si $\alpha > o$) ou de son point d'arrêt (si $\alpha < o$), l'angle θ est pour ce plan compris entre les deux valeurs relatives à la courbe limite et à la droite de poussée.

2° Au-dessus de la droite de poussée correspondant à l'équilibre inférieur, existent une série de courbes qui se raccordent avec cette droite en des points situés à partir et au delà de A, par rapport à la verticale, jusqu'à l'infini. Pour ces courbes, l'angle de glissement η est variable. Il atteint la limite supérieure φ en son point de raccordement avec la droite de poussée, puis va en diminuant suivant une loi que nous ne sommes pas en mesure d'indiquer.

Au point de rencontre de l'une de ces courbes et du plan du mur, l'angle θ a une valeur plus petite que celle correspondant à la droite de poussée.

Il faut remarquer que la région correspondant à cette courbe est en état d'équilibre stable, parce que l'angle de glissement η est inférieur à l'angle de rupture φ. Les lignes de rupture n'existent que pour la région, située au delà du raccordement avec la droite de poussée, pour laquelle cette droite est conservée.

Au-dessous de la droite de poussée, correspondant à l'état d'équilibre supérieur, il existe un faisceau de courbes du même genre qui se raccordent en des points situés au delà de C vers l'infini, et correspondent également à des états d'équilibre stable, le coefficient η étant inférieur à la limite φ, qu'il n'atteint qu'en son point de raccordement.

3° Enfin on peut tracer dans la zone comprise entre les courbes limites une infinité de courbes ne différant de toutes celles étudiées précédemment qu'en ce que la valeur constante ou limite de l'angle de glissement η est inférieure à l'angle de rupture φ. Ce sont les courbes relatives à un massif ayant même surface libre, et arrêtées par le même plan du mur, mais dont le coefficient de rupture serait moindre que celui du terrain envisagé Il faut toujours, bien entendu, que la valeur de l'angle de glissement ne tombe pas au-dessous de l'inclinaison i de la surface libre, sans quoi l'équilibre serait impossible.

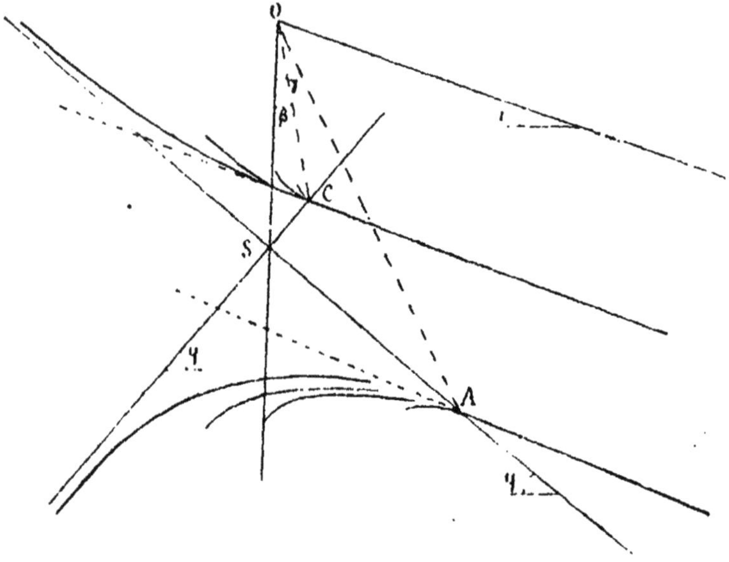

Figure 43.

III. $\varphi < i < o$. Supposons que la surface libre aille en s'abaissant à partir de la crête du mur. Les observations que nous aurions à formuler ici seront identiques à celles déjà faites pour le cas précédent, sauf substitution de l'angle critique γ à l'angle β, et de l'angle β' à l'angle γ'. On retrouverait exactement les mêmes courbes de poussée correspondant aux divers cas envisagés plus haut.

IV. $i = -\varphi$. La surface libre va en s'abaissant suivant le talus naturel des terres.

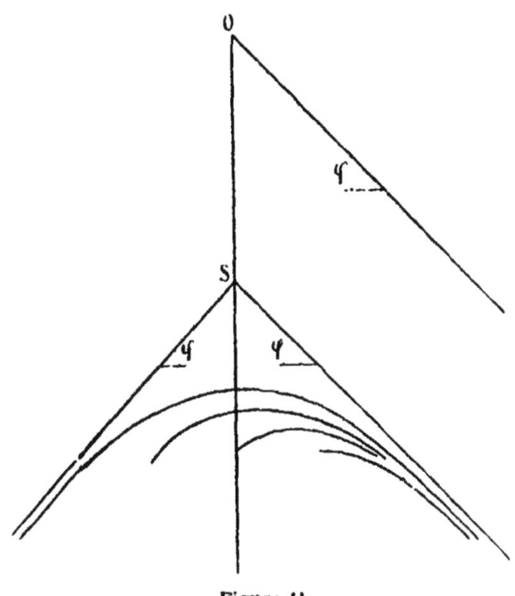

Figure 44.

L'état d'équilibre supérieur correspond toujours à la droite de poussée $z = 1$, d'inclinaison $-\varphi$, quelle que soit l'orientation α du plan du mur, depuis la limite inférieure $\frac{\pi}{2} - \varphi$ jusqu'à la limite supérieure $-\left(\frac{\pi}{2} + \varphi\right)$.

Etat d'équilibre inférieur. — La courbe de poussée est asymptotique à la droite de poussée $z = 1$, d'inclinaison $-\varphi$.

Pour $\frac{\pi}{2} - \varphi < \alpha < o$, la courbe rencontre le plan du mur en un point de rebroussement : $\theta = +\varphi$.

Pour $o < \alpha < -\left(\frac{\pi}{2} - \varphi\right)$, la courbe rencontre le plan du mur en un point d'arrêt : $\omega = \varphi$. L'angle θ varie depuis $+\varphi$ pour $\alpha = o$, jusqu'à $-\varphi$ pour

$\alpha = -\left(\frac{\pi}{2} - \varphi\right)$. Lorsque l'angle α atteint cette limite, on a : $\theta + \alpha = -\frac{\pi}{2}$. La poussée est nulle. Le plan du mur devient une surface libre.

Dans ce cas particulier, comme dans le premier discuté ($i = -\varphi$), toutes les courbes de poussée correspondent nécessairement à l'angle de rupture φ, qui est celui de la surface libre avec l'horizon. Il n'existe pas d'autres courbes de poussée que celles dont nous venons de parler.

23. — De l'influence sur l'équilibre intérieur du massif, de l'angle de frottement de la terre sur le plan du mur. — Nous avons admis implicitement jusqu'ici que l'angle de frottement ψ de la terre sur le plan du mur était au moins égal sinon supérieur à l'angle de rupture φ du terrain. C'est dans cette hypothèse que nous avons étudié les diverses courbes de poussée, correspondant aux états d'équilibre inférieur et supérieur, qui sont compatibles avec la nature même du terrain.

Supposons qu'il en soit autrement et que l'on ait $\psi < \varphi$. Nous nous occuperons tout d'abord de l'état d'équilibre inférieur.

Il pourra se présenter trois cas :

1° Il existera une courbe de poussée correspondant à l'angle φ, et qui sera soit la droite de poussée $z' = F(i)$, d'inclinaison i, soit une des courbes intercalées entre cette droite et la courbe limite définie par la condition $\theta = \varphi$ si l'on a $\alpha > o$, ou $\omega = \varphi$ si l'on a $\alpha < o$, pour laquelle l'angle d'inclinaison, sur la normale au plan du mur, de la réaction exercée sur ce plan sera inférieur ou tout au plus égal à ψ.

En ce cas, l'état d'équilibre inférieur défini par la

courbe pourra se réaliser. Les lignes de rupture du massif se prolongeront par conséquent jusqu'au mur.

2° Aucune courbe correspondant à l'angle φ ne pourra rencontrer le plan du mur dans des conditions telles que l'angle θ soit égal à ψ. En conséquence, le massif ne pourra être que dans un état d'équilibre intermédiaire, défini par une ligne de poussée correspondant à un angle η inférieur à φ, tout au moins dans la région avoisinant le mur.

Ce pourra être soit une courbe se raccordant avec la droite de poussée $z' = F(i)$, soit une ligne correspondant à une valeur variable de l'angle de glissement η, toujours inférieure à φ.

En ce cas les lignes de rupture n'existeront plus dans le massif, ou tout au moins s'arrêteront à une certaine distance du mur.

3° On ne pourra tracer dans le plan aucune courbe de poussée remplissant la condition précédente, étant donné que l'angle de glissement η ne peut descendre au-dessous de la valeur minimum i, correspondant à l'inclinaison de la surface libre.

L'équilibre sera alors irréalisable : le massif glissera le long du plan du mur et s'éboulera (fig. 45 et 46).

Le simple examen de l'épure des lignes de poussée suggère les conclusions suivantes :

Si l'on a $-\psi < i < +\psi$, le massif peut toujours être maintenu par le mur, parce qu'il existe une ligne de poussée pour laquelle l'angle de glissement η est égal à i, et par conséquent inférieur à ψ.

Si la valeur absolue de i est comprise entre ψ et φ, l'équilibre est toujours possible si l'angle α est négatif, le plan du mur étant en surplomb du côté des terres, parce qu'il existe nécessairement une courbe de poussée correspondant à un état d'équilibre inférieur ou intermédiaire, pour laquelle l'angle θ est nul à la rencontre du plan du mur.

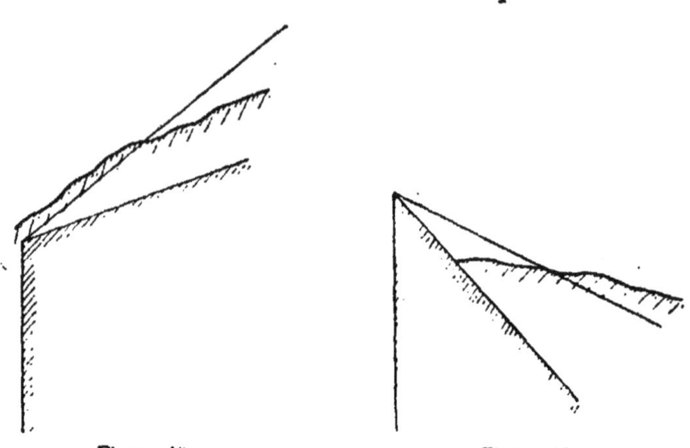

Figure 45. Figure 46.

Au fur et à mesure que l'angle α croît positivement à partir de zéro, la valeur minimum de θ va en augmentant et finit par atteindre la limite ψ. Si l'angle α dépasse la valeur critique correspondant à cette limite de θ, l'équilibre devient impossible et l'éboulement du massif ne peut être évité. Il serait sans doute facile de déterminer pour un cas donné cet angle critique positif α_ψ. Mais nous avons jugé inutile de nous lancer à ce propos dans des calculs offrant peu d'intérêt pratique. Au surplus, il suffira de se reporter à l'article 27 suivant, où nous traiterons de façon complète la question des plans de glissement dans les massifs de terre, dont le présent problème n'est qu'un cas particulier.

En tout état de cause, l'angle de frottement ψ sur le plan du mur est plus petit que l'angle φ du talus naturel des terres, si par suite de cette circonstance le massif ne peut être dans l'état d'équilibre inférieur défini par la courbe de poussée limite, parce que l'angle θ correspondant à cette courbe serait plus grand que ψ, il en résulte de toute nécessité que la poussée sur le mur dépassera la valeur minimum correspondant à la courbe limite.

Nous verrons dans le paragraphe suivant les conclusions d'ordre pratique auxquelles conduit cette remarque, en ce qui touche les dispositions à admettre pour la construction des murs de soutènement.

Nous pourrions formuler des observations du même genre pour l'état d'équilibre supérieur, à cette seule différence près que la substitution à la courbe limite d'une courbe intermédiaire entraîne une réduction de la poussée sur le mur (art. 22).

94. Massif compris entre deux plans invariables. — 1° Supposons que les angles α et α' des deux plans OM et ON soient respectivement $\frac{\pi}{2} - \varphi$ et $-\left(\frac{\pi}{2} - \varphi\right)$.

Dans l'état d'équilibre inférieur, la courbe de poussée sera asymptotique aux droites OM et ON : les plans seront des surfaces libres.

Dans l'état d'équilibre supérieur, la courbe de poussée rencontrera chaque plan en un point d'arrêt :
$\omega = + \varphi$ pour le plan OM,
et $\omega = - \varphi$ pour le plan ON.

$$\operatorname{tg} \theta = \frac{\sin \varphi \cos 2\varphi}{1 + \sin \varphi \sin 2\varphi}.$$

2° Supposons que l'on ait : $o < \alpha < \frac{\pi}{2} - \varphi$; $o > \alpha' > -\left(\frac{\pi}{2} - \varphi\right)$. Les courbes relatives aux deux états d'équilibre rencontrent les deux plans en des points d'arrêt (fig. 48).

3° Supposons que l'on ait : $o < \alpha < \frac{\pi}{2} - \varphi$; $o < \alpha' < \alpha$. Les deux courbes rencontrent le plan OM en des points d'arrêt, et le plan ON en des points de rebroussement (fig. 49).

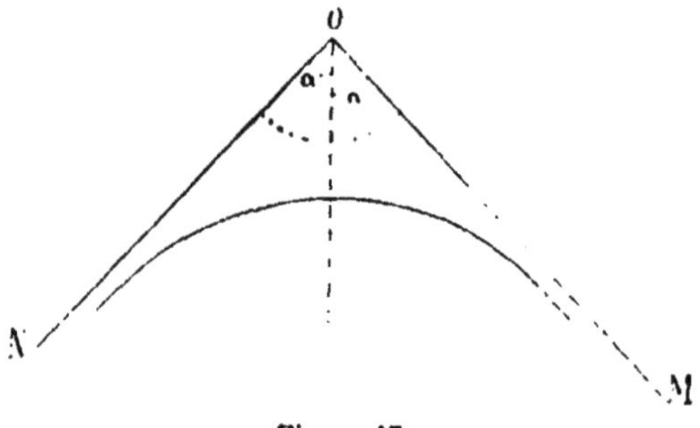

Figure 47.

Au fur et à mesure que les deux plans OM et ON se rapprochent de la verticale, la courbe inférieure s'éloigne du sommet O, tandis que la courbe supérieure s'en

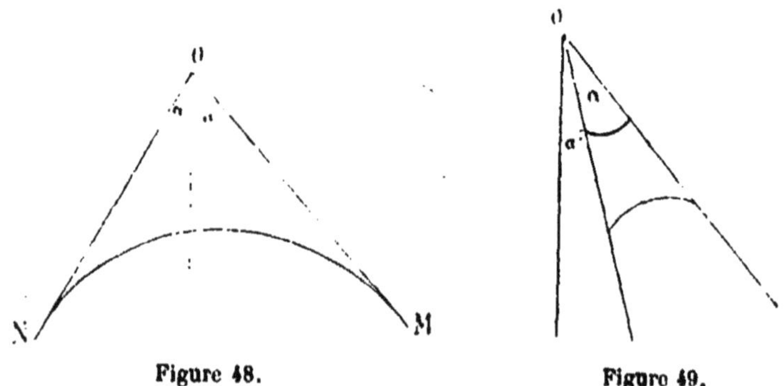

Figure 48.

Figure 49.

rapproche. A la limite, la poussée relative à l'état d'équilibre inférieur tombe à zéro, tandis que celle relative à l'état d'équilibre supérieur devient infinie, ce qui signifie que la rupture ne peut se produire que pra écrasement de la matière et non plus par glissement.

25. Massif compris entre une surface libre et deux plans invariables divergents. — Les lignes de charge ne sont plus des courbes homothétiques. Dans le voisinage immédiat de la surface libre, l'état d'équilibre, inférieur ou supérieur, est celui qui correspond à cette surface supposée indéfinie, avec lignes de charge parallèles au plan supérieur. Puis les lignes de charge s'infléchissent et se rapprochent de celles qui corres-

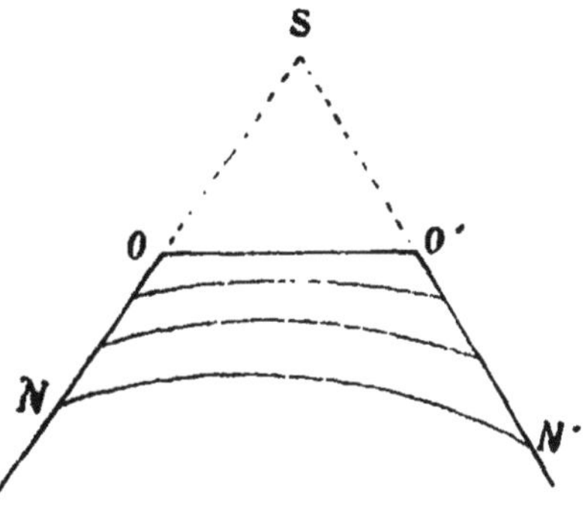

Figure 50.

pondraient à l'état d'équilibre, inférieur ou supérieur, pour le massif complété par l'adjonction du triangle OSO', compris entre les deux plans au-dessus de la surface libre ; à une profondeur infinie, c'est cet état d'équilibre qui est réalisé.

La poussée élémentaire, pour chaque plan, croît ici moins rapidement que la profondeur pour l'état d'équilibre inférieur, et plus rapidement pour l'état d'équilibre supérieur : la poussée totale passe au-dessus des deux tiers de la hauteur du mur dans le premier cas, et au-dessous dans le second.

26. Massif compris entre une surface libre horizontale et deux plans verticaux. — C'est un cas particulier du problème précédent. Mais ici le point S est rejeté à l'infini. Il en résulte que dans le voisinage immédiat de la surface libre, la poussée élémentaire q croît proportionnellement à la profondeur, d'après les formules connues :

Equilibre inférieur:

$$(1) \qquad q' = \Delta y \cdot \frac{1 - \sin \varphi}{1 + \sin \varphi}.$$

Equilibre supérieur :

$$(2) \qquad q'' = \Delta y \cdot \frac{1 + \sin \varphi}{1 - \sin \varphi}.$$

Mais au fur et à mesure que la profondeur y augmente, l'accroissement de q' est moins rapide, et cette poussée élémentaire tend vers une limite qu'il est facile de déterminer.

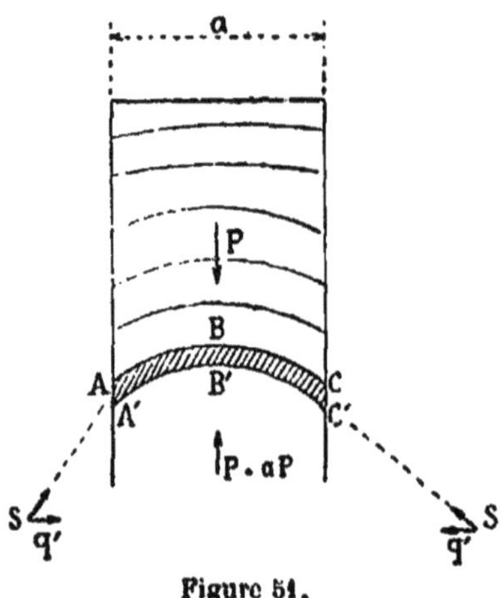

Figure 51.

Soient A B C et A' B' C' deux lignes de charge infiniment voisines, qui rencontrent les deux plans verticaux en des points d'arrêt. Désignons par P la résultante des charges élémentaires exercées sur la ligne A BC, et par P + dP la résultante correspondante pour A'B'C'. Les réactions s exercées sur les éléments verticaux AA' et CC' sont inclinées de φ sur l'horizontale. Leur composante horizontale étant q', leur composante verticale est q' tg φ.

Le poids de la tranche ABCC'B'A' étant $\Delta a dy$ (en désignant par a la distance mutuelle des deux plans), la condition d'équilibre entre les forces verticales qui sollicitent cette tranche, s'écrit comme il suit :

$$P + dP - P + 2q' \operatorname{tg} \varphi \, dy = \Delta a dy.$$

D'où :

$$q' = \frac{\Delta a}{2} \operatorname{cotg} \varphi - \frac{dP}{2dy} \operatorname{cotg} \varphi ;$$

et :

$$q' < \frac{\Delta a}{2} \operatorname{cotg} \varphi.$$

L'accroissement dP de la charge totale tend vers zéro, au fur et à mesure que l'on s'enfonce au-dessous de la surface libre, et la poussée élémentaire q' tend vers la limite supérieure $\frac{\Delta a}{2}$ cotg φ.

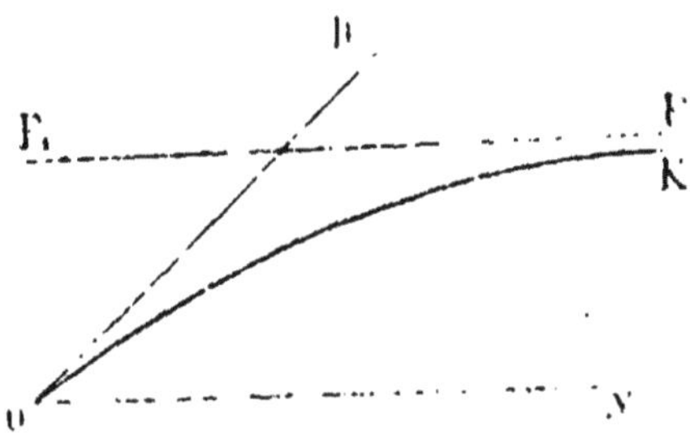

Figure 52.

Supposons que la droite oblique OD représente

l'équation (1), et que l'horizontale EF soit à la distance $\frac{\Delta a}{2}$ cotg φ de l'axe Oy. La courbe représentative OK de la poussée élémentaire q' sera tangente à l'origine à la droite OD, et asymptotique à l'horizontale EF.

Si l'on admet que l'écartement a des deux plans soit une très petite fraction de la hauteur h du massif, on voit que la poussée totale Q, égal à $\frac{\Delta ah}{2}$ cotg φ, sera appliquée un peu au-dessous de la moitié de la hauteur.

Si l'on considère à présent l'état d'équilibre supé-

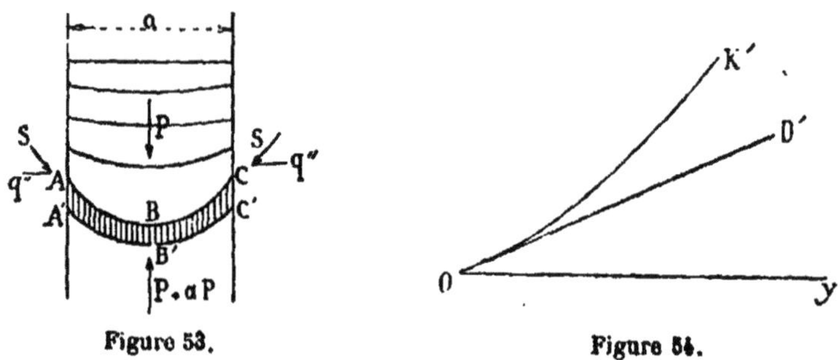

Figure 53. Figure 54.

rieur, l'équation des forces verticales sollicitant une tranche comprise entre deux lignes de charge voisines devient :

$$q'' = \frac{\Delta a}{2} \operatorname{cotg} \varphi + \frac{dP}{2dy} \operatorname{cotg} \varphi.$$

La charge élémentaire, dans le voisinage d'un mur, a pour valeur approximative $\frac{P}{a}\cos\varphi$.

Par conséquent q'' est sensiblement égal à $\frac{P}{a}\cos^2\varphi$, et l'on a :

$$dP = \frac{a}{\cos^2\varphi}\, dq''.$$

L'équation différentielle précédente peut donc être mise sous la forme :

$$q'' = \frac{\Delta a}{2} \operatorname{cotg} \varphi + \frac{a}{\sin 2\varphi} \cdot \frac{dq''}{dy}.$$

D'où :

$$q'' = \frac{\Delta a}{2} \operatorname{cotg} \varphi + A\left(e^{\frac{\sin 2\varphi}{a} y} - 1\right).$$

La poussée élémentaire, qui croît plus rapidement que la profondeur, est représentée par la courbe OK', tangente à l'origine à la droite oblique OD' correspondant à l'équation (2), mais qui s'en écarte bientôt pour se rapprocher rapidement de la courbe représentative de l'équation exponentielle énoncée ci-dessus.

On conçoit ainsi que dans une construction formée de deux murs parallèles très rapprochés, dont l'intervalle serait rempli de sable bien pilonné, ce sable pourra n'exercer sur les murs qu'une très faible poussée, incapable de provoquer leur déversement, même si la hauteur est considérable et l'épaisseur de la maçonnerie très réduite : cette poussée sera toujours inférieure à la moitié du poids du sable, multipliée par cotg φ.

Par contre, si le massif est utilisé comme culée, il se comportera, sous l'action de poussées considérables, comme un monolithe : le sable, maintenu par les deux murs, deviendra capable de supporter des poussées équivalentes à celles que l'on admet pour les maçonneries elles-mêmes.

27. Des plans de glissement déterminés dans des couches terrestres par des bancs minces d'argile plastique. — Il arrive parfois que dans un terrain assez consistant, se trouve intercalé un banc mince de glaise ou argile plastique, pour lequel l'angle de rupture φ' peut être très petit si la matière est imbibée d'eau. Quand l'inclinaison de la surface libre du massif est telle qu'il n'existe aucun état d'équilibre pour lequel l'action moléculaire conjuguée du plan de la couche argileuse fasse avec la normale un angle inférieur à φ', il se produit de toute nécessité un effondrement de la région située au-dessus du banc. Les éboulements de montagnes ou coteaux, qui se manifestent généralement à la suite de pluies abondantes ou de dégels brusques, déterminant le ramollissement par imbibition du banc de glaise, sont des catastrophes heureusement fort rares. Il est d'ailleurs malaisé de les prévoir à l'avance, et encore plus difficile de les prévenir par des mesures appropriées.

Mais il arrive assez fréquemment qu'ayant modifié l'assiette d'un terrain par des travaux de terrassements, on voit après coup apparaître des crevasses, suivies bientôt de mouvements importants, soit dans les talus ou plateformes des tranchées, soit au pied des remblais. On reconnaît alors que ces accidents sont imputables à des bancs d'argile, intercalés dans les couches terrestres, dont l'orientation est incompatible avec un état d'équilibre correspondant à la surface libre modifiée par les travaux. La réparation de ces accidents est en général coûteuse ; dans nombre de circonstances on aurait pu les éviter en prévoyant d'avance ce qui devait arriver, et recourant à des mesures préventives pour écarter tout danger.

Considérons un terrain limité par une surface libre plane, dont l'inclinaison soit précisément égale à son angle de rupture φ. Nous supposerons qu'il existe dans le massif une couche plane d'argile dont l'angle de glissement φ' soit inférieur à φ, et nous nous proposerons de rechercher les valeurs de l'angle α, que fait cette couche avec la verticale, pour lesquelles son existence serait incompatible avec l'équilibre du massif.

Pratiquement on admettra que l'angle φ, pour de l'argile plastique très ramollie, puisse descendre jusqu'à 15°. Avec une argile graveleuse et plus compacte, imbibée d'eau, cet angle peut se relever à 20° et même à 25°.

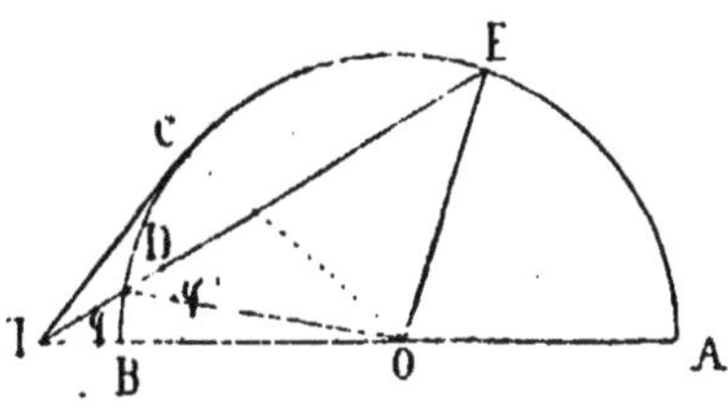

Figure 55.

Sur l'épure de la figure 6 (article 5, page 20), menons la droite TDE, faisant l'angle φ' avec la droite ABT (fig. 55).

Par un point O de la surface libre du massif limité par le plan MN d'inclinaison φ sur l'horizontale, traçons les bissectrices Oa et Ob des deux angles formés par la droite MN avec la verticale : ce sont les directions des actions moléculaires principales (fig. 56).

Portons de chaque côté de la droite Oa un angle égal à $\frac{\widehat{AOE}}{2}$, et de chaque côté de la droite Ob un angle égal à $\frac{\widehat{BOD}}{2}$.

Les deux fuseaux D'OD'' (correspondant à l'angle au centre $\widehat{BOD}$, avec la direction principale Ob pour bissectrice), et E' OE'' (correspondant à l'angle au centre

EOA, avec la direction principale Oa pour bissectrice) sont les régions du plan pour lesquelles l'angle θ est inférieur à φ'.

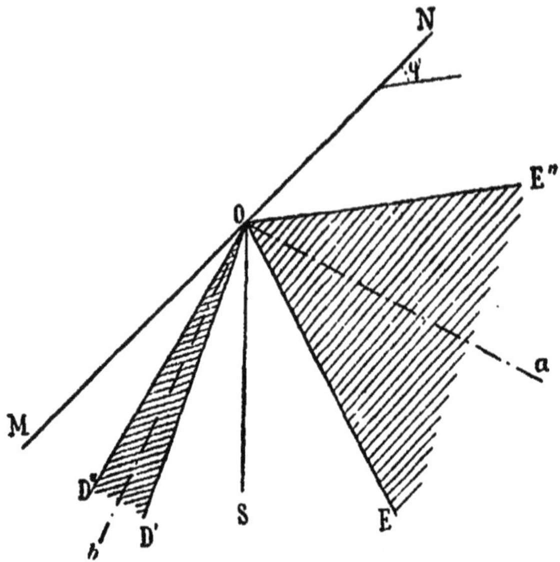

Figure 56.

En conséquence, si le plan critique limitant le banc d'argile se trouve à l'intérieur de l'un de ces deux fuseaux, il n'y a aucun danger d'éboulement. Mais il en sera tout autrement si la trace du plan est située dans un des trois angles $\widehat{MOD''}$, $\widehat{D'OE'}$, et $\widehat{E''ON}$.

Admettons que le plan de glissement se trouve dans la région centrale $\widehat{D'OE'}$ (fig. 57). Le mouvement s'opérera avec affaissement de la partie amont du massif, et soulèvement de la partie aval. Dans ces conditions, les lignes de charge se modifieront dans le voisinage du plan critique OV en se rapprochant de l'horizontale : l'action moléculaire conjuguée de ce plan se rapprochera de la normale au plan, avec lequel elle finira par faire un angle égal à φ'. On voit que le mouvement du terrain s'arrêtera de lui-même après un faible déplacement. On en doit conclure que l'existence d'un plan de glissement tel que OV ne saurait inspirer d'inquiétudes sérieuses.

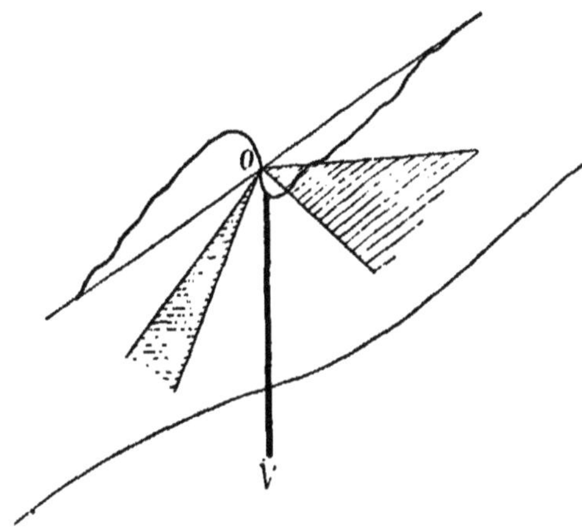

Figure 57.

Si ce plan critique est en OU, dans la région latérale aval $M\hat{O}D''$, la partie inférieure du massif glissera sur le banc d'argile, et viendra en O'M', la partie supérieure ON restant immobile (fig. 58). Il n'y aura aucune raison pour que le mouvement s'arrête, et on pourra constater finalement un éboulement général de la base du coteau.

Si le plan critique est en OW (fig. 59), dans la région avoisinant ON, la partie supérieure du massif glissera, et viendra recouvrir la région inférieure, demeurée immobile. Il n'y aura encore aucune raison pour que le mouvement s'arrête, et il pourra se produire un éboulement général du sommet du coteau.

Quand le banc d'argile n'émerge pas sur la surface

libre, les régions critiques issues d'un point O de ce banc sont figurées par les quatre angles, opposés deux à deux par le sommet, qui séparent les fuseaux hachu-

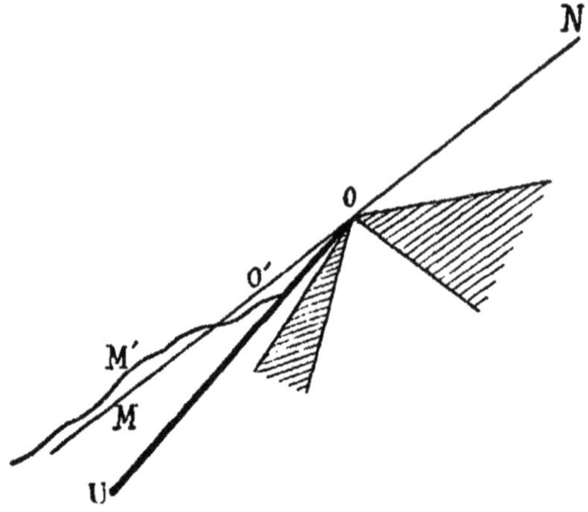

Figure 58.

rés, régions d'équilibre assuré (fig. 60). Comme nous venons de le voir, il n'y a pas de bouleversement à

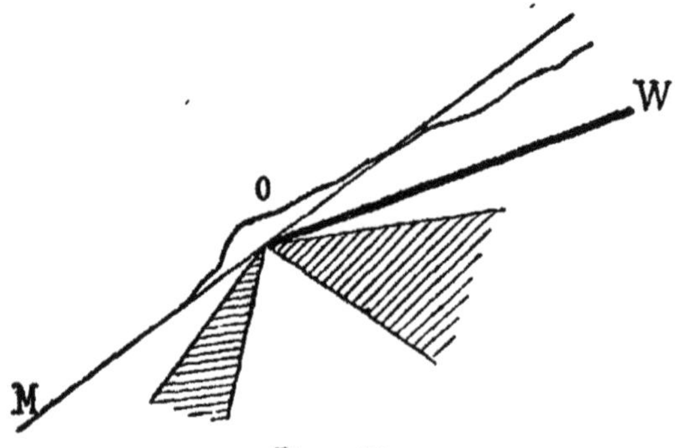

Figure 59.

redouter si le banc d'argile est dans l'angle D'ÔE' ; tandis qu'un glissement général est probable si le plan est dans l'angle D''ÔE''.

Dans le cas où l'inclinaison i de la surface libre est inférieure à l'angle du talus naturel φ, on peut toujours vérifier la stabilité du massif par la construction suivante, qui se déduit aisément de la méthode de calcul graphique exposée dans l'article 5.

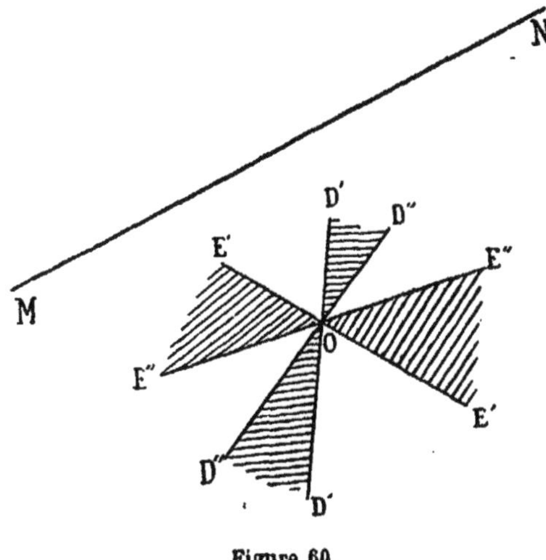

Figure 60.

Soient i et i' les inclinaisons sur l'horizontale de la surface libre et du banc d'argile. Menons dans le cercle O deux rayons OM et ON faisant entre eux l'angle $2(i - i')$. Construisons sur le rayon OM pris pour corde, et de chaque côté de ce rayon, un arc circulaire capable de l'angle i, c'est-à-dire ayant pour développement angulaire $2\pi - 2i$. Construisons de même sur le rayon ON deux arcs circulaires capables de l'angle φ, c'est-à-dire ayant pour développement angulaire $2\pi - 2\varphi$. Soient T, T' et T'' les points de rencontre de ces arcs, considérés successivement deux à deux. Menons les tangentes TC, T'C', T''C'' au cercle initial de centre O, et mesurons les angles CTO, C'T'O et C''T''O.

Pour que le massif puisse demeurer en équilibre,

sans danger de glissement général, il sera nécessaire et suffisant que l'un de ces trois angles soit inférieur ou tout au plus égal à φ. La construction démontre en effet qu'en ce cas il existe un état d'équilibre, avec angle de glissement maximum égal ou inférieur à φ, pour lequel l'angle θ que fait avec la normale au banc d'argile la réaction exercée sur celui-ci est inférieure à φ'.

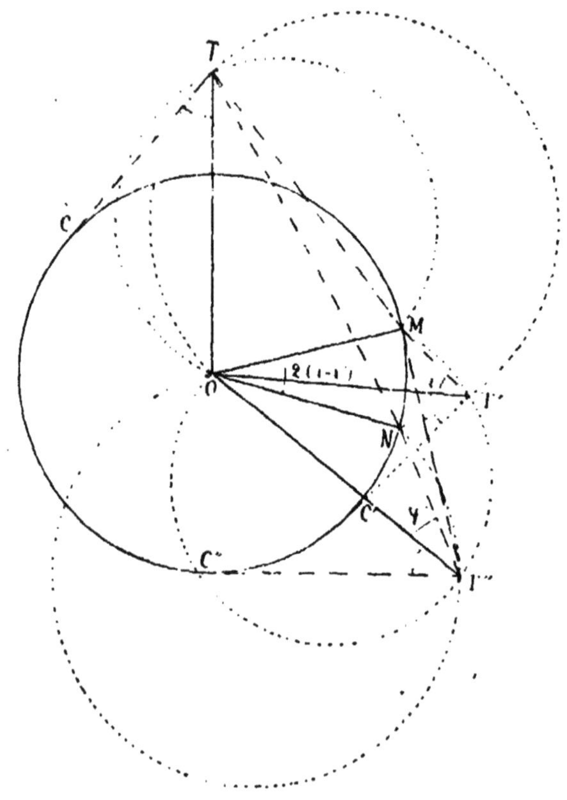

Figure 61.

On constate facilement qu'il ne peut jamais y avoir danger de glissement si l'inclinaison i de la surface libre est inférieure à φ'. Pour $i = \varphi'$, l'équilibre est assuré si i' est différent de φ'.

Pour $\varphi'=o$, la condition de stabilité est que la direction du banc coïncide avec l'une des directions principales correspondant à un état d'équilibre du massif, défini par un angle de glissement η compris entre i et φ.

Quand la surface libre est irrégulière, ou quand le profil du banc d'argile, au lieu d'être rectiligne, est accidenté, la vérification de la stabilité ne peut guère être effectuée de façon rigoureuse. On tâchera de se rendre compte approximativement des directions suivies par les lignes de charge à la rencontre du plan de glissement, et l'on appréciera, d'après l'inclinaison de chacune de ces lignes, si l'angle θ relatif au banc dépasse la limite φ', auquel cas l'équilibre ne serait pas assuré au point considéré. Si l'on a fait cette constatation pour une région suffisamment étendue du banc, un glissement local est à craindre, avec crevassement de la surface libre et bouleversement du terrain.

Des glissements se manifestent parfois dans des massifs rocheux, dont l'état d'équilibre comporte une poussée nulle. La réaction S exercée sur le banc d'argile est alors verticale. On en conclura sans difficulté qu'il ne peut y avoir danger que si les deux conditions suivantes sont remplies : 1° l'inclinaison i' du banc d'argile doit être égale ou supérieure à φ' ; 2° l'inclinaison i de la surface libre doit être égale ou supérieure à i', de façon que la hauteur verticale de la couche supérieure aille en décroissant dans le sens de la descente.

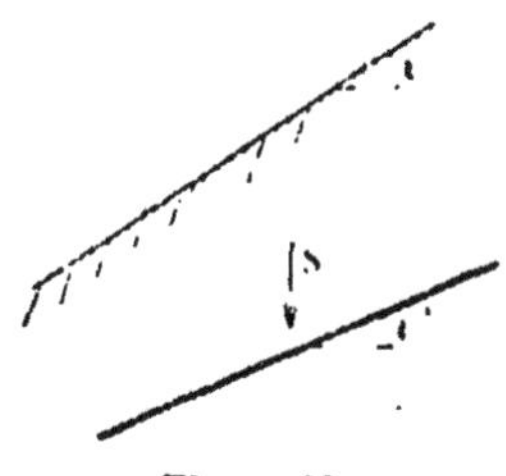

Figure 62.

Lorsque des sondages pratiqués dans un terrain, où l'on se propose d'exécuter des travaux de terrassements, ont fait reconnaître l'existence d'un banc souterrain d'argile, la méthode d'investigation exposée ci-dessus permettra d'apprécier si les remblais ou les déblais projetés ne risquent pas de compromettre l'équilibre du terrain et de provoquer des éboulements.

Il apparaît comme évident que l'on peut en pareil cas s'exposer à de graves mécomptes en chargeant le

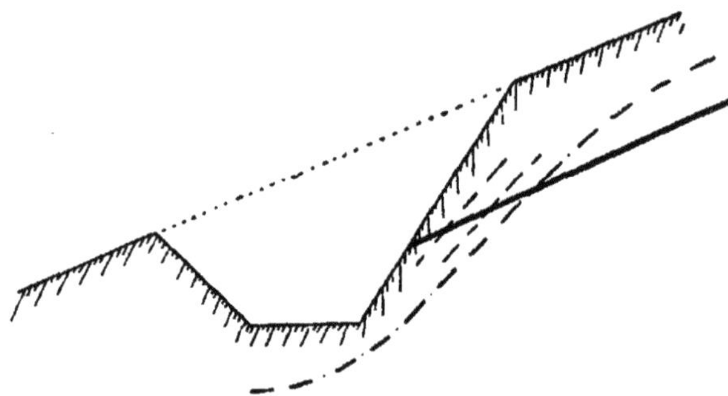

Figure 63.

sol d'une lourde levée de terre, ou en y creusant une tranchée dont les talus viendraient recouper le banc de glaise. Mais, ce qui peut *a priori* sembler paradoxal, il y a quelquefois danger à exécuter une tranchée dont le plafond serait au-dessus de la couche d'argile, que n'atteindrait pas la pioche des terrassiers. Il suffit que le changement apporté à la surface libre ait modifié la direction de certaines lignes de charge, de telle sorte que la réaction exercée sur le plan de glissement fasse avec la normale à celui-ci un angle supérieur à φ'. On a en ce cas à craindre un glissement local, qui entraînera la dislocation du plafond et des talus de la tranchée, et pourra finalement déterminer un éboulement général du coteau (fig. 64).

On trouvera dans les ouvrages spéciaux, où il est traité de l'exécution des terrassements, l'indication des mesures préventives à prendre en pareille circonstance pour écarter tout danger : modification des profils de terrassements, par réduction de la hauteur du remblai ou de la profondeur de la tranchée, ou par adoucissement des talus, ou par déviation de l'axe ; drainages superficiels ou souterrains, en vue d'empêcher des eaux

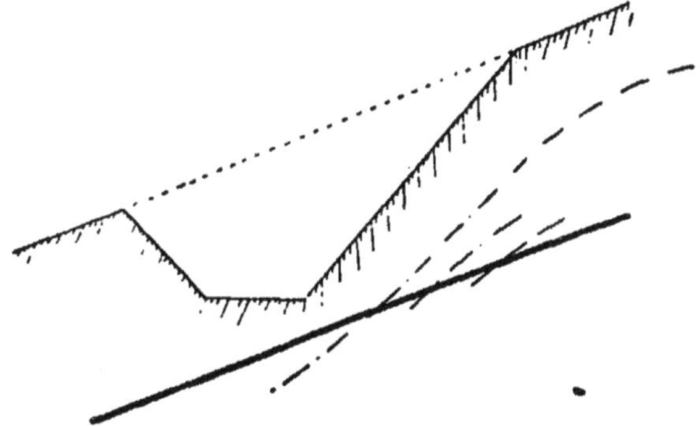

Figure 64.

de pluie ou de rivière de pénétrer par infiltration jusqu'au banc de glaise, ou en vue de capter les eaux souterraines, de façon à maintenir ce banc dans un état de sécheresse relative, pour lequel l'angle φ' soit suffisamment grand ; cuirassement de la tranchée par des massifs de soutènement et un radier en maçonnerie ; exécution de puits remplis de matières pierreuses ou sableuses qui traversent le banc d'argile et viennent s'ancrer dans le sous-sol, etc.

28. — De l'hypothèse du prisme de plus grande poussée. — Antérieurement aux recherches de M. *Rankine*, de M. *Maurice Lévy* et de M. *Boussinesq*, basées sur les démonstrations rigoureuses de la théorie de l'élasticité, recherches que nous sommes proposé de développer et de compléter, la réaction du massif de terre sur le mur se calculait au moyen d'une méthode indiquée par le général *Poncelet*. Cette méthode empirique est basée sur le principe hypothétique du *prisme de plus grande poussée*, qui peut être énoncé comme il suit :

1° La réaction exercée sur le mur fait avec la normale à son plan l'angle φ du talus naturel, la composante verticale de cette réaction étant dirigée de haut en bas (en tant du moins que le coefficient de frottement de la terre sur le parement du mur peut atteindre la valeur tg φ);

2° Il existe dans le massif un *plan de rupture*, passant par la base du mur, pour lequel la force intérieure conjuguée fait l'angle φ avec la normale à ce plan, la composante tangentielle étant dirigée vers le mur ;

3° L'orientation du plan de rupture peut être déterminée par la condition que la réaction exercée sur le mur soit maximum.

La partie du massif comprise entre le mur et le plan de rupture est qualifiée de *prisme de plus grande poussée.*

Il paraît utile de faire voir que cette *hypothèse* n'est pas fondée, et qu'elle est en contradiction formelle avec les résultats des *démonstrations rigoureuses* faites précédemment.

1. — Nous constaterons tout d'abord que la réaction exercée sur le mur ne peut faire l'angle φ avec la normale au plan du mur que si son angle α avec la verticale est positif, le mur présentant du *fruit* du côté des terres. Si α est négatif, l'angle en question est toujours inférieur à φ.

De plus, il faut que l'angle positif α soit plus petit que l'angle critique β, si l'inclinaison i est positive (la surface libre plane du massif allant en s'élevant à partir de la crête du mur), ou que l'angle γ, si l'inclinaison i est négative (la surface libre du mur s'abaissant à partir de la crête du mur). Si l'on a $\alpha > \beta$, ou $\alpha > \gamma$, dans l'un ou l'autre cas l'angle de la réaction avec la normale au mur sera inférieur à φ.

En particulier, si la surface libre est réglée suivant le talus naturel ($i = + \varphi$), l'angle α doit être nul pour que l'inclinaison de la réaction soit égale à φ. Si le massif est limité par une surface horizontale ($\omega = o$), l'angle α doit être compris entre o et $\frac{\pi}{4} - \frac{\varphi}{2}$.

II. — Dans le cas où l'angle de la réaction et de la normale au plan du mur est égal à φ (si $o < \alpha < \beta$, ou $o < \alpha < \gamma$), la ligne de rupture correspondant au minimum ou au maximum de la poussée n'est pas une droite comme le suppose Poncelet, mais une courbe, tout au moins dans le voisinage du mur. Il n'y a d'exception à cette règle que si l'angle α a précisément l'une des valeurs critiques β ou γ, auquel cas la ligne de rupture est la droite correspondant à l'autre direction de rupture (γ ou β).

III. — En admettant que l'on se trouve placé dans le cas énoncé ci-dessus, où la ligne de rupture est bien une droite, l'orientation de cette droite, définie par l'angle β ou γ, ne correspond pas au prisme de plus grande poussée. La méthode de Poncelet conduit à une orientation différente, et donne par conséquent un résultat faux.

Nous en concluons que cette méthode ne vaut rien. Elle fournit très souvent des indications erronées pour l'angle de la réaction sur le mur avec la normale à son plan conjugué. En ce qui touche la grandeur de la poussée, elle conduira généralement à un résultat qui ne sera ni le minimum de la poussée correspondant à l'état d'équilibre strict inférieur, ni le maximum correspondant à l'état d'équilibre supérieur : ce sera un nombre intermédiaire. On pourrait en inférer qu'au bout du compte l'application du procédé assure la stabilité, puisque ses indications pèchent par excès. Cette opinion serait valable si le rapport du résultat trouvé à la poussée minimum vraie était toujours supérieur à l'unité, et conservait une valeur à peu près constante, correspondant à un coefficient de sécurité sensiblement fixe.

Mais il n'en est pas ainsi. La poussée obtenue sera presque toujours beaucoup plus grande que la poussée minimum exacte, mais, dans un cas particulier tout au moins ($\alpha = o$ et $i = \varphi$), il y aura concordance absolue entre les deux résultats. On trouve, par l'un et l'autre procédé : $Q = \frac{\pi}{2} h^2 \cos^2 \varphi$.

En d'autres circonstances, on obtiendra par la construction Poncelet une poussée deux et peut-être trois fois trop élevée, sans que jamais l'on soit à même d'apprécier l'ordre de grandeur de l'erreur commise.

Par conséquent il n'y a rien d'utile à tirer de cette ancienne règle, qu'il convient de rejeter définitivement, car elle est condamnée à la fois par la théorie et par l'expérience.

29. Des recherches expérimentales sur la poussée des terres. — De nombreuses expériences ont été faites sur la poussée des terres. Elles ont fait ressortir l'inexactitude de la méthode Poncelet, mais n'ont pas permis d'établir des formules expérimentales pouvant servir au calcul de la poussée avec une certitude et une précision suffisantes. Les indications ont été incertaines, variables et parfois contradictoires pour une même nature de terre, placée dans des conditions d'essai qui semblaient identiques.

Cette impuissance de l'expérience à résoudre le problème au point de vue des besoins de la pratique, s'explique très aisément.

Un massif soutenu par un mur peut, ainsi que nous l'avons vu, occuper une infinité d'états d'équilibre différents, correspondant à des réactions sur le mur d'intensités et de directions très variables, depuis l'état d'équilibre limite inférieur jusqu'à l'état d'équilibre limite supérieur. A supposer même que l'on effectue le mesurage de cette réaction au moment où la rupture du massif est sur le point de s'opérer par affaissement, on peut obtenir, suivant les conditions où l'on s'est placé, des résultats très différents.

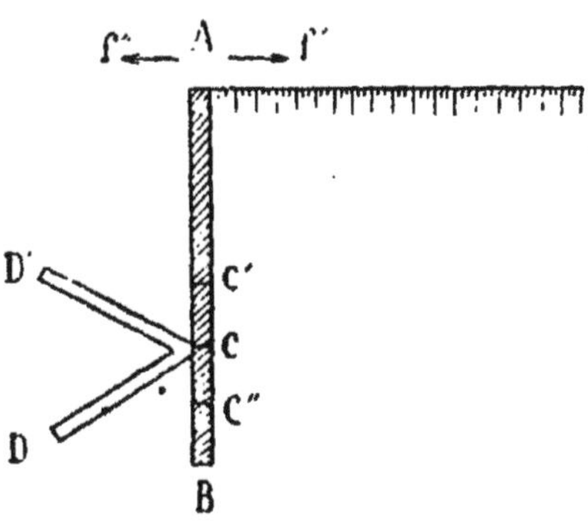

Figure 65.

Supposons que l'on maintienne un massif de terre renfermé dans une caisse ouverte à une extrémité, au moyen d'un plateau AB soutenu par une contrefiche CD, dont l'effort de compression pourra être mesuré au moment même où on l'aura laissé décroître suffisamment pour que la rupture du massif se produise.

On connaîtra ainsi la valeur de la réaction-limite, et sa direction sera fournie par celle de la contrefiche.

Or il convient tout d'abord d'observer que si le frottement φ' de la terre sur la plaque AB est inférieur à l'angle du talus naturel, la réaction ne pourra faire avec la normale à la plaque un angle supérieur à φ', et la poussée obtenue pourra de ce chef être plus élevée. Il est facile de réduire jusqu'à zéro l'angle φ', en constituant la plaque par une lame de verre, ou mieux par deux lames de verre superposées et séparées par une mince couche de graisse. En ce cas, on observera toujours une réaction normale à la plaque, au moment ou l'éboulement sera sur le point de se produire.

C'est probablement ce qui a conduit certains expérimentateurs à constater dans leurs essais des réactions toujours normales au plan du mur.

Ecartons cette objection, et supposons que l'on ait pu donner à φ' la valeur exacte de φ, par exemple en recouvrant la plaque d'une mince couche de graisse saupoudrée de sable, comme l'a fait M. *Ardant* dans une expérience connue.

Il sera possible de maintenir le sable en appliquant la contrefiche au tiers C de la hauteur de la plaque, mais en lui donnant une inclinaison sur la normale à la plaque variant depuis $-\varphi$ (position CD) jusqu'à $+\varphi$ (position CD'). Dans chaque cas, on pourra réaliser une position d'équilibre limite, précédant immédiatement la rupture, et l'on trouvera de la sorte une série de réactions possibles, faisant avec la normale des angles croissant de $-\varphi$ à $+\varphi$. On constatera en même temps que la poussée augmente au fur et à mesure que l'on s'écarte de la première position CD en se rapprochant de la dernière CD'.

On aura même la faculté de ne pas appliquer la contrefiche au tiers de la hauteur. Si l'on place l'appui un peu au-dessus en C', la rupture du massif se produira par le bas : au moment de l'éboulement, on constatera un léger pivotement de la plaque dans la direction indiquée par la flèche f'.

Si l'on place la butée au-dessous de C, en C'', l'éboulement se manifestera à la partie supérieure du massif, et le pivotement de la plaque s'opérera en sens inverse, dans la direction de la flèche f''. Dans l'un et l'autre cas, on observera des poussées plus grandes que celles correspondant à la butée C, parce qu'une partie du massif, la tranche supérieure dans la première disposition, la tranche inférieure dans la seconde, sera encore en état d'équilibre stable au moment où l'autre se rompra.

M. *Georges Howard Darwin*, professeur au *Trinity College de Cambridge*, qui a entrepris de contrôler expérimentalement les formules données par M. *Rankine* et M. *Boussinesq*, fermait sa caisse par une paroi latérale reliée au fond par une charnière, et mesurait la poussée par la tension d'un fil fixé à la partie supérieure de cette porte tournante. Avec un dispositif de ce genre, la rupture s'opère dans la tranche supérieure du massif, tandis que la tranche inférieure demeure en état d'équilibre stable. La réaction doit être appliquée un

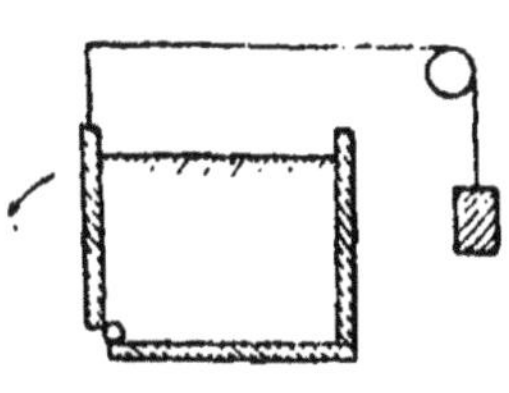

Figure 66.

peu au-dessus du tiers de la hauteur, et sa valeur, plus grande que celle correspondant à l'état d'équilibre inférieur de toute la masse, dépend de la manière dont on a rempli la caisse. Suivant qu'il avait opéré par déversement pur et simple du sable, ou par couches soigneusement tassées et soit horizontales, soit inclinées en montant, soit inclinées en descendant, M. *Darwin* a obtenu des résultats très différents : les valeurs relatives de la poussée variaient de 1 à 1,43. Cette discordance, qui *a priori* peut paraître étrange, s'explique fort bien par la raison énoncée ci-dessus : les conditions dans lesquelles s'était placé l'expérimentateur ne lui avaient pas permis d'amener la masse totale de sable à l'état d'équilibre limite inférieur, au moment où la rupture se produisait dans les couches superficielles.

En définitive, il ne paraît pas bien utile de vérifier expérimentalement l'exactitude des formules fournies, en dehors de toute hypothèse, par des calculs dont la rigueur mathématique semble incontestable; et d'ailleurs il semble très difficile d'écarter des expériences de ce genre les causes d'erreurs qui peuvent entacher leurs résultats, et leur ôter toute précision et toute valeur.

Il serait à coup sûr beaucoup plus intéressant de procéder, pour toutes les natures de terres, à des observations nombreuses et précise en ce qui touche les valeurs à attribuer à l'angle φ du talus naturel. Or on ne possède à cet égard que des notions vagues et incertaines. dont la source est mal connue, et que les auteurs se repassent de confiance de l'un à l'autre sans les vérifier. On est donc mal documenté sur cette question, et on conçoit qu'il ne paraisse pas bien utile de procéder à un calcul minutieux de la poussée à 5 ou 10 0/0 près, quand cette recherche est basée sur une donnée incertaine, dont la précision ne peut être garantie à 15 ou 20 0/0, même pour des terres dont la nature est parfaitement définie, comme le sable fin et sec, par exemple.

CHAPITRE QUATRIÈME

STABILITÉ
DES MURS DE SOUTÈNEMENT

SOMMAIRE :

30. Conditions d'équilibre d'un mur de soutènement. — 31. Calcul de la réaction minimum. — 32. Cas d'un terrain à surface libre accidentée. — 33. Cas d'un terrain formé de bancs superposés. — 34. Cas d'un terrain surchargé. — 35. Cas d'un remblai compris entre deux murs parallèles. — 36. Calcul de la poussée pour un mur à parement polygonal ou courbe. — 37. Circonstances susceptibles de relever la poussée au-dessus du minimum calculé, et précautions à prendre à leur sujet. — 38. Profil des murs de soutènement. — 39. Murs à contreforts. — 40. Fondations des murs. — 41. Des causes de dégradation et de ruine des murs de soutènement. — 42. Des ouvrages de soutènement en bois ou en ciment armé. — 43. Butée des terres. — 44. Murs d'arrêt.

CHAPITRE QUATRIÈME

STABILITÉ DES MURS DE SOUTÈNEMENT

---

30. Conditions d'équilibre d'un mur de soutènement. — Supposons qu'un mur, adossé à un massif sans cohésion, soit incapable de résister à la réaction exercée sur lui par la terre qu'il soutient. Il cèdera à la poussée et s'inclinera en avant. La terre suivra ce mouvement, et il en résultera un accroissement de son volume. Si le massif ne se trouvait pas tout d'abord dans l'état d'équilibre limite inférieur, ses particules se dilateront et par suite les actions moléculaires qui s'exerçaient entre elles éprouveront une diminution : l'équilibre du massif se rapprochera donc de l'état limite inférieur, correspondant aux plus faibles pressions intérieures. Or l'accroissement de volume nécessaire pour que le terrain passe d'un état d'équilibre stable, d'ailleurs voisin de l'état limite inférieur, à ce dernier, est extrêmement faible. La dilatation, qui s'opère sur une région assez restreinte, dans le voisinage immédiat du mur, dépend uniquement du coefficient d'élasticité cubique du terrain, qui est de l'ordre de grandeur de celui de la maçonnerie. Par suite ce changement dans l'état d'équilibre du massif peut être la conséquence d'une simple déformation élastique du mur, sans dislocation de la maçonnerie, et sans réduction appréciable dans sa résistance.

On conçoit donc que le massif puisse atteindre cet état d'équilibre inférieur à la suite d'un déversement presque imperceptible du mur. Si à ce moment l'ouvrage est capable de résister à la poussée, réduite à son minimum, le mouvement s'arrête et la maçonnerie demeure intacte. S'il en est autrement, le déversement vers l'extérieur continue à progresser : les particules de terre ayant réalisé la dilatation maximum compatible avec l'équilibre élastique du massif, la réaction sur le mur ne diminue plus, et l'accroissement de volume en arrière du parement intérieur se traduit par une fissuration du sol. Les crevasses s'élargissent, et à un moment donné survient l'éboulement final, qui, par l'action dynamique exercée sur le mur, en détermine la chûte immédiate.

On peut donc admettre qu'un mur offre des conditions de stabilité suffisantes s'il est capable de subir, sans travail excessif de la maçonnerie, ni pression exagérée sur la base de fondation, la réaction des terres correspondant à l'état d'équilibre limite inférieur, parce que la déformation élastique de la maçonnerie suffit pour ramener le massif à cet état, à supposer qu'il ne s'y soit pas trouvé au moment de la mise en charge du mur.

L'expérience justifie ces prévisions théoriques. Quand on élève un remblai derrière un mur de soutènement, on constate le plus souvent un très léger déplacement de celui-ci, en général à la suite d'un tassement des terres provoqué par la pluie. Mais cette déformation très peu appréciable ne s'accentue pas avec le temps, et le mur conserve ensuite indéfiniment la position qu'il a prise dès le début.

On constate fréquemment sur des murs de soutènement âgés d'un ou même plusieurs siècles, mais ayant sans doute été construits avec des mortiers de chaux grasse à prise très lente, des gauchissements notables, qui datent sans aucun doute de l'époque de leur exécution. La durée de ces murs prouve qu'en dépit du déversement initial éprouvé par eux, ils avaient une stabilité suffisante.

Au surplus, dans une maçonnerie bien faite, la résistance à la compression et surtout la résistance à la traction vont en croissant pendant de nombreuses années. D'autre part les terrains de remblai les plus meubles, lorsqu'ils ne sont pas noyés par une nappe d'eau, acquièrent à la longue une certaine consistance ; leur cohésion s'accentue, et l'angle du talus naturel φ s'élève. De sorte que la poussée va en diminuant au fur et à mesure que la résistance du mur s'accroît.

Il est donc permis d'affirmer que si un mur récemment construit a pu supporter victorieusement, sans indices de désagrégation et de dislocation, mais parfois avec un gauchissement perceptible, la poussée initiale d'un remblai, sa stabilité est assurée, et ne fera que s'améliorer avec le temps. Il suffira alors, pour assurer la sécurité, d'effectuer les calculs de résistance dans l'hypothèse de la poussée minimum, correspondant à l'état d'équilibre inférieur du massif, et en se basant sur les qualités de résistance de la maçonnerie fraîche, ou n'ayant subi qu'une prise et un durcissement incomplets pendant le délai écoulé entre l'achèvement de l'ouvrage et la confection du remblai.

Nous verrons toutefois, dans l'article 36 suivant, qu'au moment de la mise en charge du mur, la poussée des terres, tout en se rapprochant de façon sensible de la valeur correspondant à l'état d'équilibre inférieur, peut ne pas descendre jusqu'à ce minimum, par suite de circonstances spéciales que nous signalerons et discuterons.

D'autre part, des phénomènes climatériques, hydrologiques ou géologiques peuvent faire varier en de certaines limites l'état d'équilibre du massif, soit accidentellement, soit périodiquement, aux changements de saison.

Il est donc prudent de se ménager une marge de sécurité suffisante, en attribuant au mur des dimensions telles qu'il puisse subir sans inconvénient une poussée dépassant de 25 à 30 0/0 le minimum calculé. Cela revient en définitive à n'admettre qu'un travail de compression modéré, ne dépassant pas la moitié ou les deux tiers du chiffre accepté communément pour la même qualité de maçonnerie, quand on l'emploie dans des constructions soumises à des forces extérieures bien connues et non susceptibles de majorations accidentelles : culées, piles, voûtes, barrages de réservoirs, etc. On adoptera en définitive pour les ouvrages de soutènement des limites de sécurité réduites, en ce qui concerne les pressions dans la maçonnerie et sur la base de fondation.

Il arrive souvent que les talus de déblai peuvent être tenus presque verticaux, au moment où on les règle pour ménager l'emplacement du mur destiné à les maintenir. On pourrait être tenté, en pareil cas, d'admettre que la poussée du massif étant manifestement nulle pendant qu'on exécute la maçonnerie, celle-ci pourra être réduite, par motif d'économie, à un simple revêtement de faible épaisseur. Mais la verticalité des talus est due à la cohésion du terrain, sur laquelle il ne faut jamais compter : elle peut être détruite, soit par une sécheresse excessive, soit par des pluies prolongées ou des inondations, ou bien encore par la gelée. Le terrain est exposé à être ameubli par des plantations, par des travaux de fouille et de terrassement, etc. En somme, il sera toujours prudent de tabler sur l'angle φ du talus naturel que présente cette terre lorsqu'elle est ameublie ou amollie par des infiltrations. Cette remarque ne s'applique pas aux massifs composés de particules rocheuses, éboulis, gravier ou sable, sans mélange de matières terreuses : leur cohésion, qui est à peu près nulle, n'est guère susceptible d'être augmentée ou atténuée par des causes extérieures. Il n'en est pas de même des terrains argileux, et surtout de la glaise pure, qui, parfaitement sèche et compacte, a la consistance d'un calcaire tendre, et perd sa cohésion par l'effet d'une humidité persistante. Il conviendra de baser les calculs sur l'angle du talus naturel correspondant aux conditions les plus défavorables qui sembleront pouvoir être réalisées. Si un sol glaiseux est exposé à des submersions, il faudra tabler sur l'angle φ relatif à la terre complètement imbibée d'eau, angle qui pourra être très petit, bien que pendant l'exécution des terrassements, dans la saison sèche, on puisse tailler verticalement les talus de déblai sur une grande hauteur, sans apparence de dislocation ou d'écrasement.

Si la surface du sol est susceptible de recevoir, à titre temporaire ou définitif, des surcharges importantes (terre-pleins des quais et ports, magasins, docks et édifices), il conviendra d'envisager le surcroît de poussée pouvant résulter éventuellement de ces charges additionnelles, évaluées à leur poids maximum, et d'augmenter en conséquence les dimensions du mur et la solidité de ses fondations.

En résumé, avant d'arrêter les dimensions d'un mur et de choisir son mode de fondation, on doit se rendre compte de la nature du terrain, de remblai ou de déblai, qui s'appuiera sur lui, et apprécier l'angle φ du talus naturel qui correspondra aux circonstances jugées *a priori* les plus défavorables. Puis on calculera dans cette hypothèse la valeur minimum de la réaction du massif, supposé dans l'état d'équilibre inférieur, en tenant compte des surcharges additionnelles qu'il serait exposé à recevoir. Enfin on limitera les pressions maxima dans la maçonnerie et sur le sol de fondation à un chiffre modéré, dont l'écart, par rapport aux valeurs de travail pratiquement admises pour le même genre de maçonnerie lorsqu'il s'agit d'ouvrages ordinaires, devra être d'autant plus grand que l'on aura moins confiance dans les bases du calcul de résistance, en raison des éventualités fâcheuses qui paraîtraient pouvoir se réaliser dans l'avenir.

En outre, pendant l'exécution du mur et la confection du remblai, il y aura lieu de prendre certaines mesures de précaution, pour écarter ou prévenir les incidents susceptibles d'augmenter la réaction au moment de la mise en charge du mur. Nous reviendrons ultérieurement sur ce sujet.

Dans des circonstances exceptionnelles, et d'ailleurs très rares, il arrive que l'état d'équilibre d'un massif appuyé contre un mur se modifie brusquement en se rapprochant non plus de l'état inférieur, mais de l'état supérieur (gonflement par imbibition des couches voisines d'argile plastique ou de gypse anhydre. — Bancs géologiques en mouvement, éboulis, talus recoupés par des plans de glissement, etc.).

En pareil cas, ce n'est plus un mur de *soutènement* qu'il faut construire, mais un mur d'*arrêt*. Les règles à suivre sont toutes différentes. Nous traiterons en dernier lieu ce cas très peu fréquent, que pour l'instant nous laisserons de côté. Nous le signalons seulement en passant, parce qu'il est arrivé que des murs projetés et construits suivant toutes les règles de l'art, avec une stabilité qui semblait plus que satisfaisante, ont été emportés avec une telle facilité, qu'il apparaissait comme évident que l'accident n'eût pu être évité, même en attribuant à ces ouvrages des épaisseurs doubles ou triples de celles réalisées. Il eût fallu en modifier complètement la forme, ainsi que nous le verrons plus loin.

31. Calcul de la réaction minimum. — Supposons qu'un massif de terre, limité par une surface libre plane, d'inclinaison i (qui doit être affectée du signe +

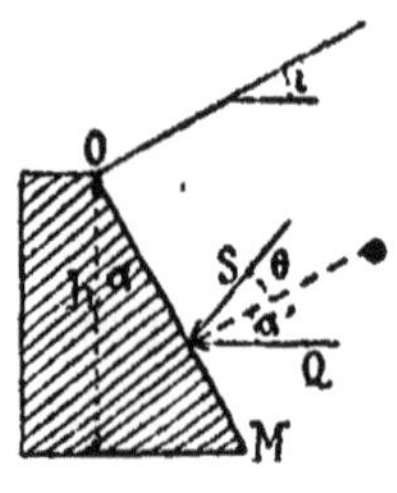

Figure 67.

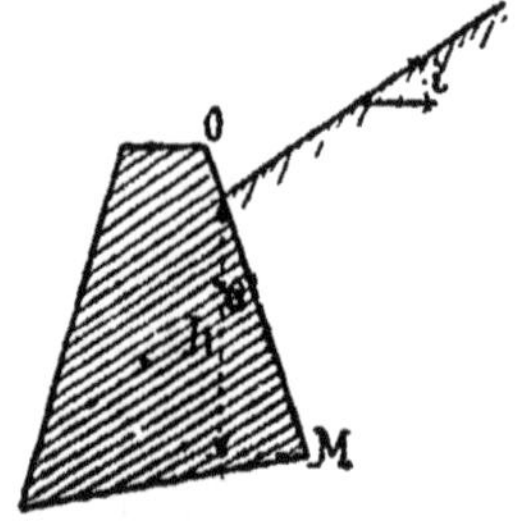

Figure 68.

si le terrain s'élève à partir du mur, et du signe — dans l'hypothèse contraire), soit soutenu par un mur à crête horizontale, dont le parement intérieur plan soit incliné sur la verticale de l'angle α, positif si ce parement a du fruit, négatif s'il est en surplomb.

Dans l'état d'équilibre inférieur, les actions moléculaires de compression exercées sur le parement du mur seront parallèles entre elles et proportionnelles aux distances verticales y de leurs points d'application à la crête du mur. La résultante S de ces forces intérieures sera appliquée au tiers de la hauteur du mur, et sera définie par sa projection horizontale Q, poussée des terres, et par l'angle θ qu'elle fait avec la normale au mur, cet angle étant affecté du signe + ou du signe — suivant que la composante tangentielle de la force suivant le parement du mur sera dirigée de la crête O à la base M, ou inversement : moyennant cette convention, l'angle de la force S avec l'horizontale est toujours égal à $\theta + \alpha$, quels que soient les signes de ces deux angles.

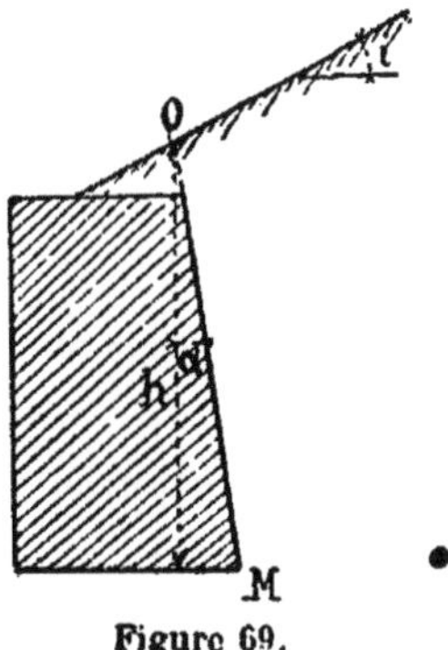

Figure 69.

La poussée Q est fournie par l'expression $\frac{A.\Delta h^2}{2}$, où Δ désigne le poids du mètre cube de terre, et h la hauteur OM du mur, distance verticale entre la crête, droite d'intersection du plan supérieur du terrain et du plan du parement intérieur du mur, et l'arête inférieure de ce parement (fig. 67, 68 et 69). A est un coefficient variable, dont la valeur numérique dépend des angles i et α, ainsi que de la donnée φ, angle du talus naturel de la terre (1).

Dans le cas particulier où l'inclinaison i du terrain est égale à $+\varphi$, on a toujours, quelle que soit la donnée α :

$$A = \frac{\cos^2(\alpha - \varphi)}{\cos^2 \alpha}, \text{ et } \operatorname{tg} \theta = \frac{1 + \sin\varphi \cos(2\alpha - \varphi)}{\sin\varphi \sin(2\alpha - \varphi)}.$$

(1) La formule $Q = A\,\frac{\Delta h^2}{2}$ tombe en défaut quand le plan OM est horizontal, puisque la hauteur h est nulle. C'est un cas tout à fait exceptionnel

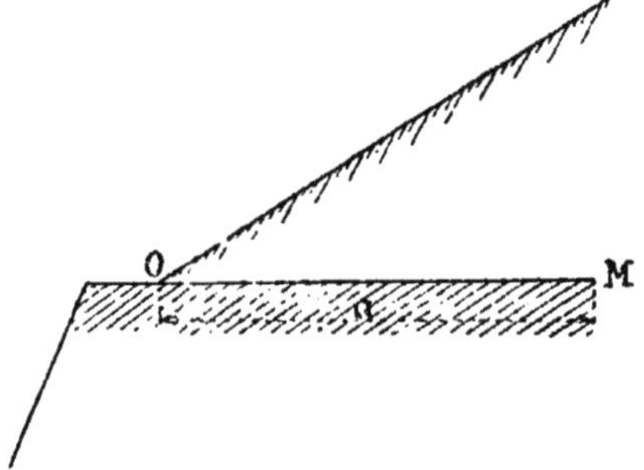

Figure 70.

L'angle α est alors égal à $\frac{\pi}{2}$, supérieur par conséquent à l'angle de glissement β.

Le facteur A, qui a pour expression $\frac{\cos^2(\alpha - i)}{\cos^2 \alpha} f(i)$ est infini. Mais le produit $A\,\frac{h^2}{2}$, qui apparaît sous la forme indéterminée $\infty \times o$, a une valeur finie, fournie par l'expression $\frac{a^2}{2} \cos^2 i\, f(i)$, en désignant par a la distance horizontale de l'extrémité M du parement à son point d'intersection O avec la surface libre.

Nous verrons plus tard dans quelles circonstances on peut être conduit à faire usage de cette formule.

Si l'inclinaison i est inférieure à $+\varphi$, il peut se présenter trois cas, suivant la valeur attribuée à l'angle α.

I. Quand α est positif et plus grand que β (si i est positif), ou que γ (si i est négatif), on a :

$$A = \frac{\cos^2(\alpha - i)}{\cos^2 \alpha} f(i) = \frac{\cos^2(\alpha - i)}{\cos^2 \alpha} \times \frac{\cos i - \sqrt{\cos^2 i - \cos^2 \varphi}}{\cos i + \sqrt{\cos^2 i - \cos^2 \varphi}};$$

et pour $i > o$:

$$\operatorname{tg} \theta = \frac{\sin \varphi \sin(2\alpha - \beta + \gamma)}{1 - \sin \varphi \cos(2\alpha - \beta + \gamma)};$$

pour $i < o$:

$$\operatorname{tg} \theta = \frac{\sin \varphi \sin(2\alpha + \beta - \gamma)}{1 - \sin \varphi \cos(2\alpha + \beta - \gamma)}.$$

Les lignes de charge sont alors les droites d'inclinaison i relatives au cas du massif indéfini à surface libre plane.

II. Quand α est positif et inférieur à β (si i est positif), ou à γ (si i est négatif), l'angle θ est égal à $+\varphi$, quel que soit le signe de i.

Le facteur A paraît être une fonction transcendante inconnue de α, i et φ. On ne peut déterminer sa valeur numérique, dans un cas donné, que de façon approximative, en traçant par points une courbe de poussée, définie par une équation différentielle (art. 16) qui ne semble pas intégrable.

III. — Quand α est négatif, l'angle θ a pour expression, quel que soit le signe de i :

$$\operatorname{tg} \theta = \frac{\sin \varphi \cos(2\alpha - \varphi)}{1 + \sin \varphi \sin(2\alpha - \varphi)}.$$

En ce qui touche le facteur A, nous renverrons à

l'observation précédente, qui s'applique sans modification.

Pour $\alpha = -\frac{\pi}{2} + \varphi$, la poussée est nulle. Le parement en surplomb du mur est incliné suivant le talus naturel des terres : cet ouvrage se réduit alors à un simple revêtement ou perré, qui repose purement et simplement sur le massif, et ne subit de celui-ci qu'une réaction verticale équilibrant le poids propre de la maçonnerie.

On trouvera à la fin de ce volume des tableaux numériques renfermant :

1° Pour les angles φ variant de 5° en 5° depuis 0° jusqu'à 45°, et pour les angles i variant de 5° en 5° depuis $-\varphi$ jusqu'à $+\varphi$, les valeurs numériques du facteur $f(i)$ et des angles de rupture β et γ. Ces renseignements facilitent le calcul de la poussée quand l'angle α est plus grand que β (si $i > o$) ou γ (si $i < o$), et fournissent dans tous les cas le moyen de calculer l'angle θ et par suite l'inclinaison $\theta + \alpha$ de la réaction sur l'horizontale.

2° Pour les mêmes angles φ et i, les valeurs numériques du facteur A correspondant à tous les angles α, variant de 5° en 5°, depuis $-$ 25° jusqu'à β (si $i > o$), ou γ (si $i < o$) ; nous avons rappelé plus haut que le calcul direct de ce facteur serait alors impraticable (cas II et III). Ces tableaux renferment également un certain nombre de valeurs du même facteur fournies par l'équation $A = \frac{\cos^2 \alpha - i}{\cos^2 \alpha} f(i)$ du cas I, lorsque α est supérieur à β ou γ.

Nous avons dressé ces tableaux en utilisant les équations de l'article 16 pour tracer par points un certain nombre de lignes de poussée, et nous basant sur les valeurs particulières de A ainsi obtenues pour en déduire les autres par interpolation graphique. Les calculs nous ont conduit à donner ces résultats avec trois décimales, parce que la différence entre deux nombres consécutifs d'une même série est le plus souvent de l'ordre de grandeur de la troisième décimale. Mais il n'en faudrait pas conclure que l'exactitude de nos renseignements s'étende jusqu'aux millièmes.

L'erreur probable, nulle pour la région correspondant au cas I, croît depuis zéro, à partir de $\alpha = \beta$ ou $\alpha = \gamma$, et est susceptible d'atteindre quelques centièmes pour les derniers nombres de chaque colonne. Mais cette approximation est plus que suffisante pour les besoins de la pratique.

On ne connaît jamais bien exactement la valeur de l'angle du talus naturel φ, et on peut hésiter entre deux nombres voisins situés sur la même ligne horizontale, pour lesquels il y a un écart de 5° entre les angles φ. Or la différence entre ces deux nombres est toujours supérieure à l'erreur qui a pu être commise dans le calcul de chacun d'eux.

On devra donc s'en tenir dans les applications pratiques aux deux premiers chiffres du facteur A, en laissant de côté le troisième, qui ne saurait inspirer de confiance, et rendrait inutilement plus laborieux le calcul numérique de la réaction minimum. L'erreur commise pourra atteindre, le cas échéant, quelques centièmes. Elle sera d'ailleurs beaucoup plus élevée si l'on n'est pas bien fixé sur l'angle φ relatif aux terres que l'on a en vue.

Les différentes régions de ces tableaux, correspondant aux cas I, II et III, ont été séparées par des barres horizontales.

Les règles précédentes supposent que la crête du mur

est horizontale et perpendiculaire à la droite de plus grande pente de la surface libre plane du massif. Si le mur est dirigé obliquement à cette ligne de pente, ou s'il lui est parallèle, ou si enfin il a un tracé courbe, la réaction du massif cesse d'être située dans le plan de la section transversale verticale de ce mur : il existe une composante tangentielle horizontale. Les théorèmes démontrés dans la première partie de cette étude ne sont donc plus rigoureusement applicables, puisque le plan de la section verticale du mur a cessé d'être un plan de symétrie du massif.

Toutefois on obtiendra dans les applications des résultats suffisamment voisins de la réalité en appli-

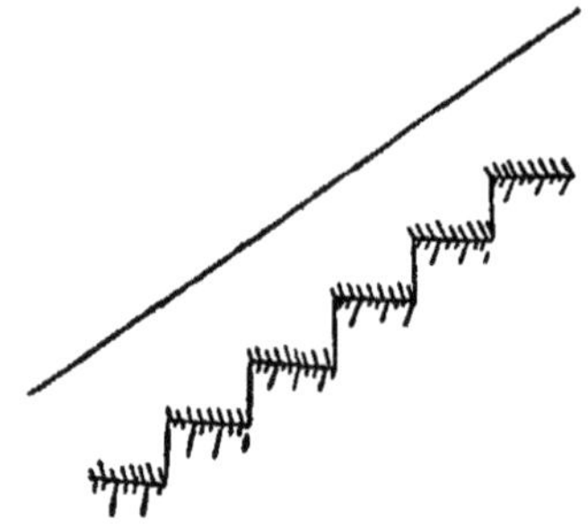

Figure 71.

quant le même procédé de calcul à une série de sections voisines du mur, où l'on représentera par i l'inclinaison de la droite d'intersection du plan supérieur du massif avec le plan de la section. On pourra négliger la composante tangentielle de cette section parallèle à la crête du mur, qui ne tend pas à provoquer un déversement, mais serait susceptible de le faire glisser longitudinalement, si la fondation n'était pas solidement ancrée dans le sous-sol, au moyen de gradins successifs horizontaux, ou même de préférence ayant une légère inclinaison en sens inverse de la déclivité du plan supérieur du massif, et de la pente correspondante de la crête du mur.

Connaissant la poussée Q et l'angle θ, on en déduira la réaction totale par la formule $= S \frac{Q}{\cos(\theta + \alpha)}$.

L'action moléculaire de compression exercée en un point quelconque du parement vertical, à la distance verticale y au-dessous de la crête, aura une direction parallèle à celle de S, et une intensité s fournie par la relation $s = \frac{2Sy}{h^2}$, avec composante horizontale

$$q = \frac{2Qy}{h^2} = A\Delta y.$$

32. Cas d'un terrain à surface libre accidentée. — Supposons qu'à une certaine distance de la crête du mur l'inclinaison de la surface libre du massif se modifie brusquement, et passe de i à i'. Quelle sera l'influence de ce changement de pente sur la poussée transmise au mur? La réaction ne sera plus en ce cas proportionnelle au carré de la hauteur ; elle ne passera pas aux deux tiers de la hauteur, et l'angle θ pourra différer de φ.

Nous n'avons pas tenté la résolution exacte de ce problème, qui nous a semblé impraticable, les lignes de charge n'étant plus des courbes homothétiques.

Nous nous bornerons à indiquer une règle empirique, qui semble devoir donner des résultats suffisamment approchés pour les besoins de la pratique.

Menons par le point M, arête inférieure du parement du mur, une horizontale MT et une droite MS faisant avec la précédente l'angle $+ \varphi$. Par l'intersection O' des deux plans d'inclinaisons i et i', menons une parallèle à OM, qui rencontrera en N′ et M′ les deux droites issues de M.

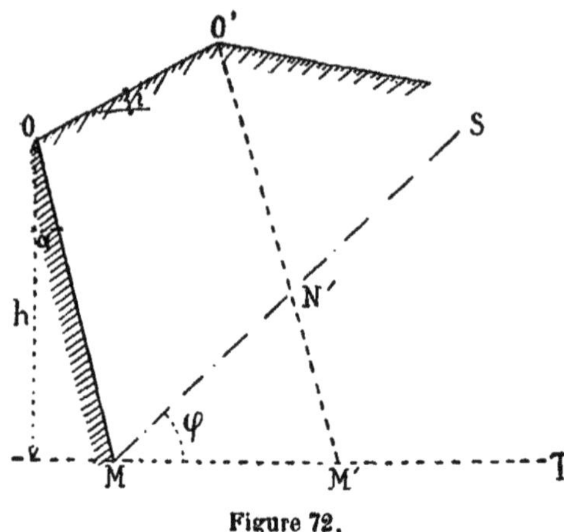

Figure 72.

Désignons par A le facteur de la poussée relatif à l'inclinaison i, et par A′ ce même facteur pour l'inclinaison i' : ces deux coefficients seront fournis par les tables numériques dont il a été parlé à l'article précédent.

Soient a' la longueur du segment O′N′ et b' la longueur du segment O′M′. On admettra que la poussée Q exercée sur le mur a pour expression :

$$Q = \frac{\Delta}{2}\left[Ah^2 + (A' - A)\frac{a'^2 \cos^2 \alpha}{b'}\right].$$

Suivant que l'inclinaison i' sera supérieure ou inférieure à l'inclinaison initiale i, A′ sera plus grand ou plus petit que A ; par conséquent le changement de pente produira un accroissement ou une diminution de la poussée. Il faudra, faute de mieux, attribuer à l'angle θ la valeur trouvée pour le plan d'inclinaison i, sans tenir compte du changement de pente, et admettre que la poussée passe au tiers de la hauteur.

Si l'on applique cette méthode de calcul au cas où l'angle i est égal à $+\varphi$, la droite O O' est parallèle à la droite MS, la distance O' N' ou a' est égale à OM, et par suite le facteur $\frac{a'}{b'}$ ne s'annule que si le point O' est rejeté à l'infini. L'influence du changement de pente, de i à i', se fait donc sentir, quelque grande que soit la distance du point O' à la crête du mur. Ce résultat, qui *a priori* peut sembler étrange, est exact et rigoureusement conforme à la théorie.

Quand le point O' se trouve sur la droite MS, il résulte de la règle empirique que le changement de pente n'influe pas sur la valeur de la poussée, ce qui ne saurait être toujours vrai. Le cas le plus défavorable est celui où l'on a : $i = -\varphi$ et $i' = +\varphi$, le profil du second plan coïncidant avec la droite MS. En ce cas le coefficient A relatif à la pente i, qui d'après la règle serait

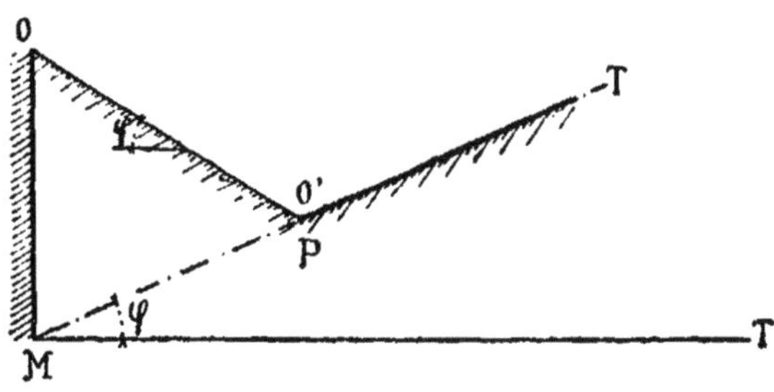

Figure 73.

seul utilisé pour le calcul de la poussée, sans tenir aucun compte du changement de pente, nous paraît en réalité devoir être majoré de 5 à 10 0/0, suivant la valeur de l'angle α. C'est de notre part une simple appréciation que nous ne pouvons étayer d'aucune preuve positive, mais qui ressort de considérations plausibles, dont le développement serait ici sans intérêt.

Il est bien entendu que si le point O′ se trouve placé au-dessous de la ligne MS, on ne devra *a fortiori* tenir aucun compte du changement d'inclinaison, considéré comme sans effet sur la stabilité du mur.

Nous proposerons d'étendre le même mode de calcul au cas de changements de pente multiples.

Le profil du terrain, dans le plan vertical de la section du mur, est en ce cas une ligne brisée, dont les sommets successifs O′, O″, O‴, etc., correspondent à des angles saillants ou rentrants de la surface libre. On ne prendra en considération que la partie de la ligne brisée comprise entre l'origine O et son point de rencontre P avec la droite OS d'inclinaison $+\varphi$.

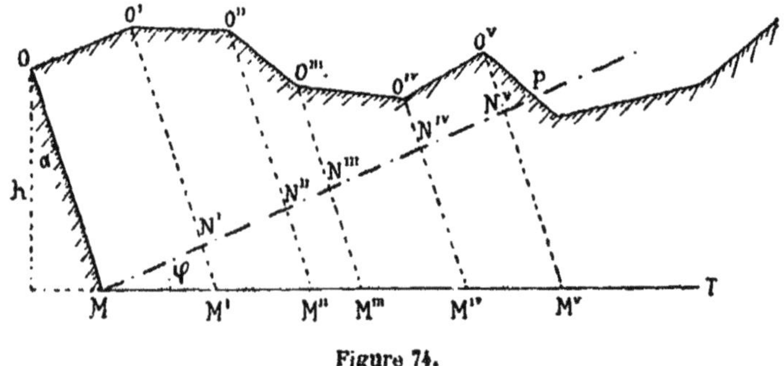

Figure 74.

Pour chaque sommet O′, O″, etc., on mènera une parallèle O′ M′, O″ M″, etc., au parement intérieur du mur O M. On mesurera les longueurs

$$O'N' = a',\ O'M' = b';\ O''N'' = a'',\ O''M'' = b'',\ \text{etc.}$$

Si l'on désigne par A, A′, A″, A‴, les coefficients de poussée, relatifs au parement d'inclinaison α, fournis par le tableau numérique pour les inclinaisons i, i', i'' des côtés successifs de la ligne brisée, OO′, O′O″,

O″O‴, etc., on calculera la poussée par la formule :

$$Q = \frac{\Delta}{2}\left[A h^2 + (A' - A)\frac{a'^2 \cos^2 \alpha}{b'} + (A'' - A')\frac{a''^2 \cos^2 \alpha}{b''} + \ldots\right].$$

Cette règle, qui a le mérite d'être simple et d'une application facile, se rapprochera d'autant plus de la vérité que le profil en ligne brisée sera lui-même plus voisin de la droite partant de O avec l'inclinaison $+\varphi$, et par suite que la poussée sera plus considérable. Elle pourra donner lieu à une erreur par défaut, pouvant aller jusqu'à 10 0/0, quand le profil se rapprochera à partir de O de la droite d'inclinaison $-\varphi$, et à partir de P de la droite d'inclinaison $+\varphi$.

Dans le cas où la surface libre du terrain aurait un profil curviligne, on pourra encore appliquer la règle précédente, en substituant à la courbe une ligne brisée circonscrite. L'erreur commise de ce chef, correspondant à la surface comprise entre la courbe et la ligne brisée, sera toujours insignifiante.

33. Cas d'un terrain formé de bancs superposés. — Supposons que le massif soutenu par le mur soit constitué par une succession de couches distinctes, dont les plans de séparation soient parallèles à la surface libre. Admettons d'abord que ces couches, de même densité, aient des angles de rupture différents. Soient A_1, A_2, A_3, les coefficients de poussée qui, pour les données i et α, correspondent à ces angles de rupture φ_1, φ_2, φ_3.

On calculera séparément la poussée qu'exerce chacune d'elles sur le plan du mur, par la formule suivante qui, sans être *rigoureuse*, est suffisamment exacte pour les besoins de la pratique :

$$Q = A\,\frac{\Delta}{2}\,(m^2 - n^2).$$

On a désigné par les lettres m et n les distances verticales de la crête O aux points de rencontre avec le plan du mur des lits inférieur et supérieur de la couche envisagée.

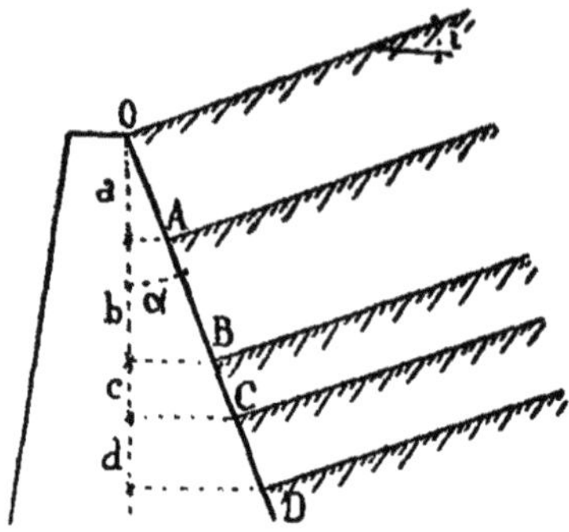

Figure 75.

Cette poussée partielle sera appliquée sur le plan du mur à la distance verticale de la crête fournie par la relation :

$$u = \frac{1}{2} \; \frac{m^3 - n^3}{m^2 - n^2}.$$

Par exemple, pour la quatrième couche CD de la figure 75, dont l'angle de rupture est φ_4, on écrira :

$$Q_4 = A_4 \frac{\Delta}{2} \left((a + b + c + d)^2 - (a + b + c)^2 \right);$$

$$u_4 = \frac{2}{3} \; \frac{(a + b + c + d)^3 - (a + b + c)^3}{(a + b + c + d)^2 - (a + b + c)^2}.$$

La réaction S_4, dont la projection horizontale est la poussée Q_4, précédemment calculée, fera avec la normale au plan du mur l'angle θ correspondant aux données i et α, ainsi qu'à la valeur φ_4 de l'angle de rupture pour la couche envisagée.

Si l'on juge que les densités des couches successives

sont trop différentes, pour qu'il soit permis d'attribuer à l'ensemble du massif la densité moyenne Δ, on modifiera, dans le calcul relatif à chaque couche, les hauteurs partielles relatives aux couches supérieures, de façon à ramener celles-ci à la même densité, sans changer leur poids. Par exemple, dans le calcul de Q_4 et u_4, on prendra :

$$m = a\frac{\Delta_1}{\Delta_4} + b\frac{\Delta_2}{\Delta_4} + c\frac{\Delta_3}{\Delta_4} + d\,;$$

$$n = a\frac{\Delta_1}{\Delta_4} + b\frac{\Delta_2}{\Delta_4} + c\frac{\Delta_3}{\Delta_4}\,.$$

Si les faces séparatrices des couches ne sont pas parallèles à la surface libre, le problème se complique. Il nous a paru inutile de traiter cette question, vu son faible intérêt pratique. On peut toujours en pareil cas admettre le parallélisme des couches dans le calcul de la poussée.

Nous insistons sur ce fait que les formules précédentes ne sont pas exactes, parce qu'elles supposent implicitement que les lignes de charge dans le terrain hétérogène sont des droites parallèles à la surface libre. Or on sait que, tout au moins dans le voisinage immédiat du mur, les lignes de charge sont des courbes. Mais nous estimons que l'erreur commise ne saurait être importante.

S'il existe dans le terrain un plan de glissement, la poussée de la tranche de terrain supérieure à ce plan sera augmentée : elle correspondra à l'état d'équilibre du massif pour lequel la réaction exercée sur le plan fait avec la normale au plan d'application un angle égal à φ'. On déterminera les conditions d'équilibre et la poussée correspondante, par la méthode exposée dans l'article 27.

34. Cas d'un terrain surchargé. — Si le massif porte des constructions ou des dépôts de matériaux et marchandises, ces poids additionnels donnent lieu à un accroissement de la poussée.

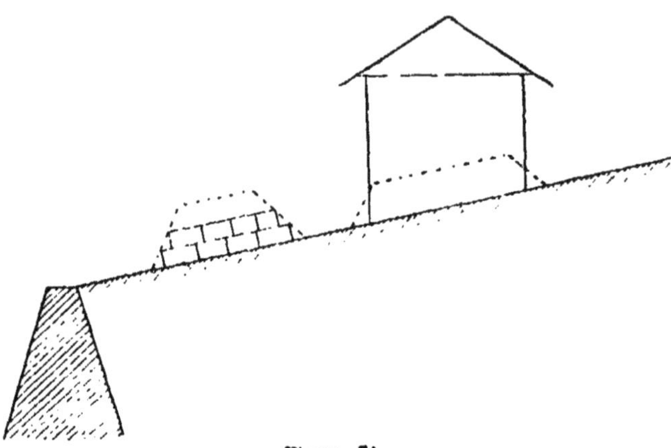

Figure 74.

Le seul procédé pratique d'en tenir compte nous paraît être de remplacer ces surcharges par des tas de terre de poids équivalents, ayant leurs centres de gravité à la même distance horizontale de la crête du mur, et limités par des faces inclinées suivant le talus naturel quand les édifices ont des parements verticaux. Après quoi on appliquera la règle précédente. Il semble incontestable que cette méthode simple ne pourra donner qu'une erreur par excès, la substitution à un corps solide d'une masse de même poids sans cohésion devant être considérée comme défavorable pour le mur.

Comme les surcharges dont il s'agit ont en général un poids relativement faible, si on le compare à celui du massif de terre qui les porte, cette manière de procéder ne semble pas critiquable au point de vue pratique, en ce que l'erreur ne pourra jamais représenter qu'une minime fraction de la poussée.

35. Cas d'un remblai compris entre deux murs parallèles. — Nous avons vu (art. 26) que, pour nn massif compris entre deux murs parallèles suffisamment rapprochés, la réaction sur chacun d'eux passe au-dessus du tiers de la hauteur, et peut être très petite. Par contre, la réaction maximum, correspondant à l'état d'équilibre supérieur, devient très considérable. Il en résulte que si l'on peut tabler sur une poussée minimum peu élevée, les accroissements possibles, dus à des circonstances accidentelles, seront relativement beaucoup plus importants que pour un mur adossé à un massif indéfini. On ne doit donc pas craindre, en pareil cas, d'évaluer un peu trop haut la poussée minimum, si l'on veut se ménager une marge de sécurité convenable.

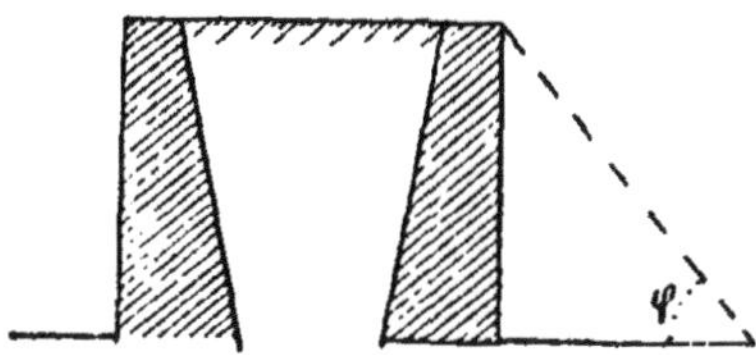

Figure 76.

Nous proposerons de faire le calcul, pour chaque mur, dans l'hypothèse où le mur opposé serait supprimé et remplacé par un massif triangulaire réglé suivant le talus naturel. On appliquera à ce profil brisé la règle de l'article 32, et l'on obtiendra ainsi un résultat un peu supérieur à la réalité.

Si l'écartement mutuel des deux murs dépasse h cotg φ, la ligne oblique MS passe au-dessus de la crête du mur opposé : l'influence de celui-ci devra alors être considérée comme négligeable, et l'on évaluera la réaction minimum comme si chaque mur était adossé à un massif indéfini.

36. Calcul de la poussée pour un mur à parement polygonal ou courbe. — Supposons que le profil intérieur du mur, au lieu d'être une droite comme nous l'avons admis jusqu'à présent, soit une ligne brisée, concave ou convexe.

On calculera séparément la réaction relative à chacun des éléments rectilignes de ce profil brisé.

Considérons par exemple le côté MN. Soient c et d les distances verticales de ses deux extrémités à son intersection O_1 avec le profil du terrain ; α_1 l'angle qu'il fait avec la verticale ; A_1 le coefficient de poussée,

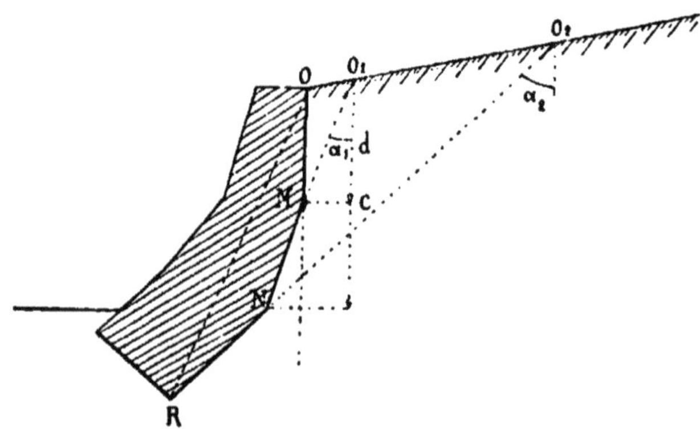

Figure 78.

fonction de φ, i et α, qui aura des valeurs différentes pour les côtés successifs, inégalement inclinés sur la verticale.

Pour chaque élément rectiligne, la poussée élémentaire sera : $q_1 = A_1 \Delta y$, y étant la distance verticale du point considéré au sommet O_1.

La poussée totale sera :

$$Q_1 = \int_c^d A_1 \Delta y = \frac{A_1 \Delta}{2} (d^2 - c^2).$$

Le point d'application de cette poussée sera placé à la distance verticale u du point O_1 fournie par la relation :

$$u = \frac{2}{3} \cdot \frac{(d^3 - c^3)}{(d^2 - c^2)}.$$

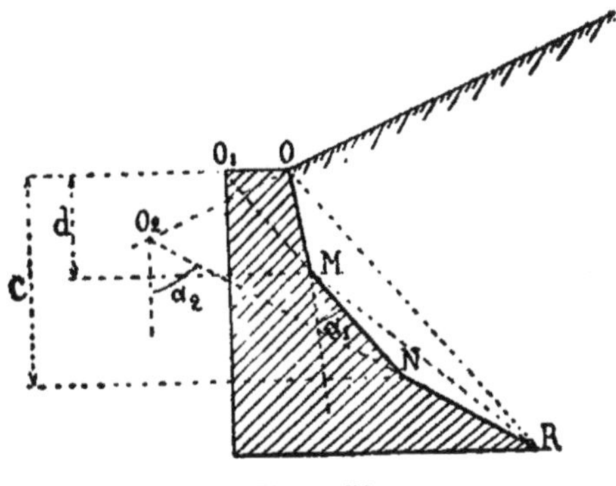

Figure 79.

Enfin la réaction totale exercée sur cette région du mur aura pour expression :

$$S_1 = \frac{Q_1}{\cos(\theta_1 + \alpha_1)},$$

θ_1 étant l'angle avec la normale relatif aux données φ, i et α_1.

On établira l'épure de stabilité du mur en tenant compte de toutes les réactions, de directions et de grandeurs variables, correspondant chacune à un des éléments de la ligne brisée.

On pourrait à la rigueur simplifier les opérations en

substituant à la ligne brisée sa corde OR, et calculant une seule poussée, passant aux deux tiers de la hauteur à partir de la crête, et correspondant à cette corde, dont l'obliquité sur la verticale est une moyenne des angles α_1, α_2, etc. Mais ce mode de procéder semble devoir comporter plus de chances d'erreur, et véritablement l'emploi de la première méthode, à coup sûr plus exacte, n'exige pas d'opérations trop compliquées; il ne semble pas qu'il y ait intérêt à les simplifier et à les abréger.

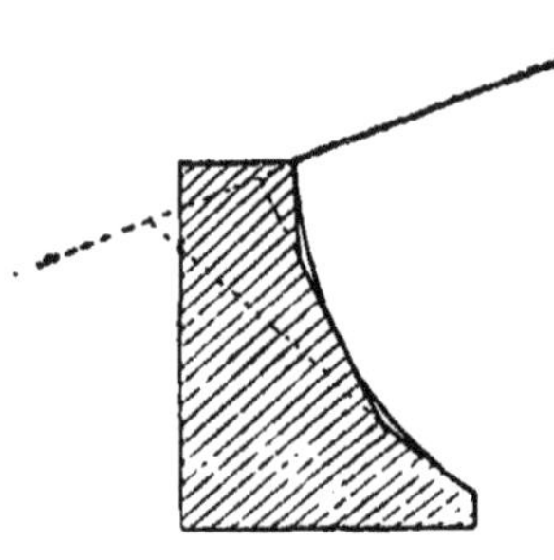

Figure 80.

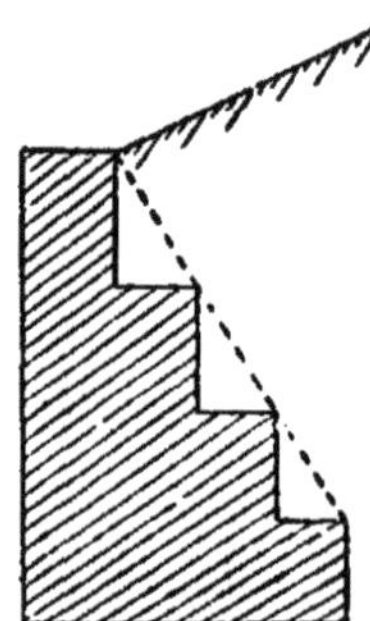

Figure 81.

Si le profil intérieur du mur, au lieu d'être une ligne brisée, était une courbe, on substituerait à celle-ci un polygone circonscrit, auquel on appliquerait le mode de calcul exposé ci-dessus. La précision serait d'autant plus grande qu'on aurait attribué à ce polygone un plus grand nombre de côtés, de façon à serrer la courbe d'aussi près que possible.

Presque toujours on attribue au parement intérieur des murs de soutènement un profil en escalier ou à gradins, dont nous signalerons plus loin l'utilité.

On pourrait encore appliquer purement et simplement la méthode précédente, en considérant successivement les côtés verticaux et les côtés horizontaux de cette ligne brisée. Mais il n'y aura aucun inconvénient à se baser sur le profil obtenu en joignant par des droites les sommets des angles saillants des gradins. Les prismes triangulaires de terre compris entre la ligne à gradins et le polygone en question seront rattachés à la maçonnerie : on considérera qu'ils n'influent sur la stabilité que par leur poids propre, égal à leur volume multiplié par la densité Δ de la terre.

37. Circonstances susceptibles de relever la poussée au-dessus du minimum calculé, et précautions à prendre à leur sujet. — Nous avons signalé précédemment que la réaction sur le mur, tout en se rapprochant du minimum correspondant à l'état d'équilibre inférieur du massif, par l'effet même de la déformation élastique de la maçonnerie, était susceptible de se maintenir au-dessus, même à l'instant où l'ouvrage est sur le point d'être renversé.

Nous rappellerons tout d'abord que la méthode de calcul attribue à l'angle de frottement ψ de la terre sur le mur une valeur au moins égale à celle de l'angle φ du talus naturel.

Supposons qu'il en soit autrement, et que cet angle ψ soit inférieur à la valeur de l'angle θ fournie par la méthode de l'article 31.

Au moment où l'angle de la réaction avec la normale au plan du parement descendra au-dessous de ψ, pendant le changement d'équilibre du massif, la terre éprouvera un léger glissement contre le mur, et ce mouvement de descente, si faible qu'il soit, donnera lieu à une compression de la matière, qui relèvera la poussée. Quelle que soit l'importance du déversement du mur, la poussée ne tombera pas au-dessous de la valeur correspondant à la condition $\theta = \psi$, et restera par conséquent supérieure au minimum calculé, jusqu'à la chûte finale de l'ouvrage, si celui-ci ne remplit pas les conditions de stabilité nécessaires.

Nous avons d'ailleurs déjà démontré (art. 23) que l'abaissement au-dessous de φ de l'angle θ correspond à un relèvement de la ligne de poussée, et par suite à un accroissement de la réaction sur le mur.

La surface du parement intérieur du mur, alors même qu'elle serait continue, est toujours assez irrégulière et raboteuse pour que l'angle ψ ne diffère pas sensiblement de φ, quand le massif est formé de particules solides, pierrailles ou gravier, non mélangées de terre végétale ou argileuse. Mais, dans l'hypothèse contraire, il arrive que les eaux d'infiltration, en descendant le long du mur, mouillent et ramollissent le terrain sur une faible épaisseur, et par là-même déterminent une réduction de l'angle de frottement dans le voisinage immédiat du parement : il peut résulter de cette circonstance un glissement local du massif avec relèvement de la poussée.

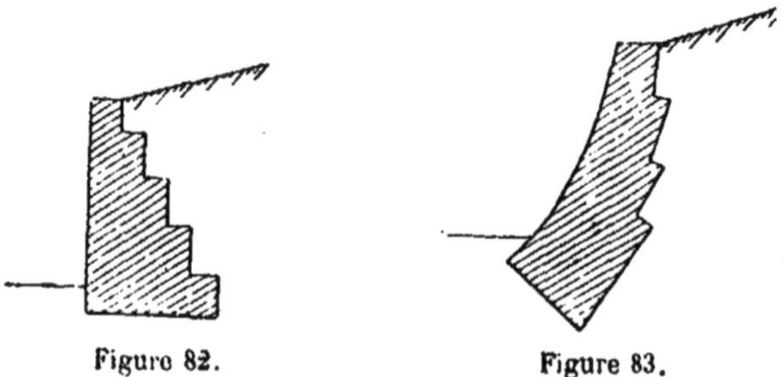

Figure 82. Figure 83.

Pour écarter cette éventualité, le remède le plus efficace et le plus simple consiste à supprimer la continuité du parement en lui attribuant un profil en escalier ou à gradins (fig. 82), avec angles rectangulaires alternativement saillants et rentrants.

Dans ces conditions le glissement ne peut s'opérer que dans le terrain lui-même, traversé par des lignes de fracture aboutissant à chaque sommet de la ligne brisée, et le ramollissement par imbibition d'une zone étroite, au contact de la maçonnerie, ne suffit plus pour provoquer un mouvement de descente du massif.

On peut obtenir le même résultat par d'autres dispositifs, ayant aussi pour effet de rompre la continuité du parement : saillies en encorbellement (fig. 84), ou bien

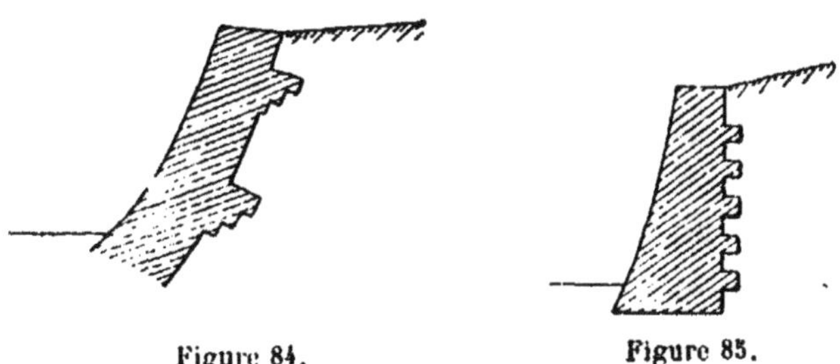

Figure 84. Figure 85.

libages enchâssés dans la maçonnerie et faisant saillie sur le parement, qui est dit alors appareillé en *hérisson* (fig. 85).

Ces mesures de précaution peuvent être insuffisantes si le ramollissement du terrain est dû à des eaux superficielles abondantes, ou à des eaux souterraines qui, arrêtées par la maçonnerie, refluent sur toute la hauteur du mur en détrempant le terrain sur une forte épaisseur, qui englobe les saillies du parement.

Si l'on prévoit pareille éventualité, il convient de drainer le terrain en arrière du mur, pour recueillir les eaux superficielles et les eaux souterraines, et les évacuer au dehors par des aqueducs, ou par des barbacanes pratiquées dans la maçonnerie.

Les constructeurs ont l'habitude, toutes les fois que cela est possible, d'intercaler entre le mur et le terrain un garnissage en pierres sèches ou pierrailles, dont les éléments sont fournis par les déchets du chantier de maçonnerie. On obtient de la sorte, à peu de frais, un drainage général très efficace, qui est une garantie certaine contre la stagnation des eaux, pourvu que l'évacuation à l'extérieur soit assurée par des dispositifs convenables.

Nous avons montré que la déformation élastique du mur a pour conséquence de modifier l'équilibre du massif en le rapprochant de l'état limite inférieur, avec réduction de la poussée.

Mais pour que ce changement d'équilibre s'opérât également et simultanément dans toutes les tranches horizontales du terrain, il faudrait que l'espace additionnel résultant du fléchissement de la maçonnerie, allât en croissant de haut en bas, pour correspondre à la décompression des molécules. Or si l'ouvrage a une fondation solide, s'il est par exemple encastré dans le rocher, le déplacement élastique ne résultera pas d'une translation horizontale, mais bien d'une rotation autour de la base, restée fixe.

Mais alors la décompression s'opèrera suivant une loi décroissante depuis le haut jusqu'au bas, la tranche supérieure du massif atteignant l'état limite, alors que la tranche inférieure n'aura encore subi aucune modification dans son état d'équilibre primitif.

Au moment même où la surface libre se fissurera, après avoir dépassé l'état inférieur, le coefficient de poussée $\frac{q}{\Delta y}$ présentera des valeurs croissantes avec la profondeur y au-dessous du plan supérieur. Or il suffit d'un éboulement superficiel du massif pour compromettre la stabilité du mur, par suite de l'effet dynamique qu'il produit.

Il faut donc prévoir que la déformation élastique du mur n'aura pu ramener sur toute sa hauteur le massif à l'état d'équilibre inférieur, par suite d'une décompression incomplète des tranches avoisinant la base de tondation invariable. Tel est le motif qui justifie la recommandation faite plus haut de se réserver une marge de sécurité notable, en adoptant une limite de travail à la compression très modérée eu égard à la qualité de la maçonnerie, parce que la poussée réelle, au moment où le mur est mis en danger par le crevassement de la surface libre, est forcément supérieur au minimum calculé.

Il y aura lieu en outre, et pour le même motif, de faire le nécessaire pour que lors de la mise en charge du mur, l'excédent de la poussée réelle sur la poussée minimum soit aussi faible que possible, surtout dans la région inférieure du massif, où l'on ne peut pas compter sur le fléchissement de la maçonnerie pour atténuer la poussée dans une mesure notable.

En ce qui touche les murs de tranchée, il n'y a aucune précaution spéciale à prendre. Il en est de même pour les remblais pierreux ou graveleux, sans mélange de terre, qui sont très peu compressibles. Mais s'il s'agit d'un remblais terreux, et tout spécialem nt d'une terre forte ou argileuse, le pilonnage par couches minces, dans le voisinage immédiat du mur, est une mesure fort utile et parfois indispensable.

Dans un remblai exécuté à la volée, avec des déblais

de cette nature, les mottes s'amoncèlent sans se briser et s'émietter, et laissent entre elles des vides considérables : si bien que le volume du remblai peut se trouver supérieur de 50 0/0 à celui de la fouille d'extraction. C'est ce que l'on appelle le *foisonnement* des terres.

Quand le remblai a atteint une grande hauteur, la charge dépasse la limite de résistance de ces mottes, surtout si elles ont été amollies par un temps pluvieux, et elles s'écrasent en remplissant les vides de leurs débris. Il se manifeste alors un affaissement brusque de toute la masse. Si le terrassement a été effectué pendant la saison sèche, il arrive que les morceaux de terre ont au moment de leur emploi une consistance analogue à celle d'un calcaire tendre, et peuvent résister à des charges élevées. Mais les premières pluies alourdissent la tranche supérieure du remblai en l'imbibant d'eau ; d'autre part les infiltrations pénètrent dans les vides et détrempent les mottes. C'est alors que se produit le tassement, donnant lieu à une chûte verticale, variable depuis zéro à la base du remblai jusqu'à son maximum à la crète du mur, qui atteint parfois 1/5 de la hauteur totale. La force vive correspondante est à la vérité peu considérable, mais comme elle n'est détruite que par l'émiettement et la compression du massif lui-même, on conçoit qu'il puisse en résulter une augmentation notable des pressions intérieures, et par suite un accroissement très appréciable dans la réaction subie par le mur. On a constaté bien souvent qu'un tassement relativement faible peut déterminer dans un mur des déformations dépassant la limite d'élasticité de la maçonnerie, provoquer des fissures et déterminer un surplomb inquiétant. Il n'est n'est pas sans exemple que des ouvrages dont la solidité inspirait toute confiance, aient été renversés à la suite d'un tassement brusque du remblai.

Le remède préventif à employer est en ce cas de pilonner les terres jusqu'à quelques mètres de distance du parement du mur : cette opération brise les mottes et fait du remblai une masse compacte, sans vides intérieurs, dont le tassement ultérieur sera toujours insignifiant et sans effet fâcheux.

Si la terre est trop sèche et résiste au pilon, il suffit de l'arroser légèrement pour détruire sa cohésion.

On peut même, avec les terres végétales ou les terres grasses ordinaires, se dispenser du pilonnage, et obtenir le tassement par un arrosage abondant opéré sur des couches horizontales successives. Mais le pilon est toujours nécessaire pour les matières compactes et dures, marnes et argile dure, craie, etc., que le mouillage ne saurait à lui seul déliter et reduire en pâte.

On s'est dispensé souvent de cette opération pour les remblais graveleux et sableux, sans mélange de terre meuble, bien qu'ils soient sujets à éprouver aux premières pluies un tassement qui, à la vérité, est peu important. On a cependant constaté expérimentalement que la poussée exercée sur un mur par un remblai de sable fin propre, sans mélange de terre, était diminuée de façon sensible par l'opération du pilonnage. En cas de doute, on peut recourir au critérium suivant : faire un tas de la terre destinée au remblai et l'arroser abondamment. Si le tas garde sa forme, le pilonnage est inutile. S'il s'affaisse et diminue sensiblement de volume, il voudra mieux prescrire cette opération.

En définitive, les précautions à prendre pour atténuer dans la mesure du possible la réaction du massif sur le mur, et éviter des accidents inquiétants et parfois irrémédiables, sont les suivantes :

1° Exécution d'un parement discontinu, à gradins, à saillies, ou à maçonnerie en hérisson ;

2° Drainage des eaux superficielles abondantes et des eaux souterraines, et évacuation par des aqueducs, des caniveaux ou des barbacanes.

3° Garnissage en pierres sèches ou pierrailles entre le mur et le terrain proprement dit. Cette disposition assure, d'ailleurs, en cas de besoin, le drainage des eaux de façon très efficace et très économique.

4° Pilonnage des terres en arrière du mur sur une distance variable d'après la hauteur, qui peut être réduite à 1 mètre ou 1 m. 50. C'est là affaire d'expérience et d'appréciation.

Toutes ces mesures, inutiles pour les remblais pierreux, sans grand intérêt pour les massifs de gravier ou de sable pur, sont à recommander pour les terres légères et sablonneuses. Elles sont indispensables pour les terres fortes et compactes, plus ou moins chargées d'argile ou de marne.

38. Profils des murs de soutènement. — Si l'on donne au parement intérieur du mur l'inclinaison $-\frac{\pi}{2}+\varphi$, correspondant au talus naturel des terres, la poussée sera nulle : l'ouvrage pourra être réduit à un simple revêtement ou perré en maçonnerie, à pierre sèche si on le juge à propos, dont le rôle consistera non à soutenir les terres, mais simplement à protéger leur surface libre entre les dégradations et les corrosions.

Si cette solution économique ne peut être admise, en raison de l'espace trop considérable qu'occuperait le talus naturel du terrain en avant de la crête, ou pour tout autre motif (en matière de fortification par exemple, il s'agit de rendre la crête inaccessible à l'assaillant), on recourra au mur de soutènement, qui permet de raidir à volonté la face terminale du massif, jusqu'à la ramener à la direction verticale, s'il en est besoin.

Supposons que l'on se donne *a priori* le fruit total du mur, c'est-à-dire la distance horizontale AC de l'arête de renversement A, placée à la base du parement extérieur, à l'arête supérieure C. Les épaisseurs de maçonnerie exigées par la stabilité seront d'autant plus faibles que ce fruit sera plus grand, pour deux motifs : d'abord la poussée des terres diminue au fur et à mesure que le parement intérieur se rapproche du talus naturel ; d'autre part, le centre de gravité de la maçonnerie est d'autant plus éloigné de l'arête de renversement, et par suite le moment de stabilité est d'autant plus élevé, que la droite CA est plus écartée de la verticale.

Fixons arbitrairement, par des considérations d'ordre pratique, ou des convenances spéciales au cas envisagé, l'épaisseur CO au sommet du mur, et attribuons provisoirement au parement intérieur la direction OM, qui *a priori* nous semblera pouvoir convenir. Après avoir déterminé la réaction exercée par le massif sur ce parement, qui dépend de la nature de la terre et de l'angle α que fait la droite OM avec la verticale, il sera facile de vérifier la stabilité du mur ACOM, en calculant, par la règle du triangle ou celle du trapèze, le travail de compression exercé sur l'arête de renversement A. Si le résultat trouvé paraît soit trop fort soit trop faible, on augmentera ou on réduira l'épaisseur du mur en écartant ou rapprochant le point M du point A. On procédera ensuite à un second calcul, basé sur la

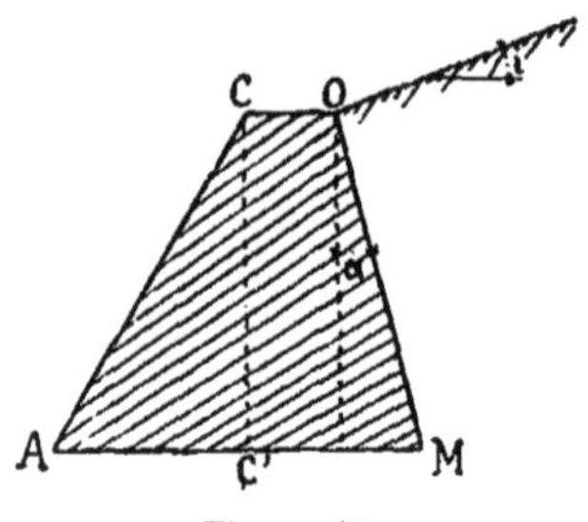

Figure 86.

nouvelle valeur attribuée à l'angle α, et, après quelques tâtonnements, on obtiendra pour le travail de compression sur l'arête de renversement la limite de sécurité R fixée à l'avance.

Il sera d'ailleurs inutile de vérifier pour tout autre point du parement que le travail est inférieur à cette limite, parce qu'il n'en saurait être autrement avec un ouvrage disposé de la sorte.

Ce profil trapézoïdal est le plus usité pour les murs de hauteur médiocre ou ordinaire : il n'exige qu'un calcul très simple, et l'exécution en est facile, toutes les faces du mur étant planes. Mais ce n'est pas, à coup sûr, une solution économique, si la hauteur est un peu grande et donne lieu à une poussée considérable.

Pour réduire au minimum le volume de la maçonnerie et l'étendue de la base de fondation, il conviendra de substituer au profil rectiligne du parement extérieur un profil courbe ayant au sommet la direction verticale, et offrant des inclinaisons croissant jusqu'à la base, avec des rayons de courbure de plus en plus petits. On calculera, d'autre part, les épaisseurs successives du mur par tranches horizontales de peu de hauteur, de façon à obtenir dans chaque section le même travail de compression R sur l'arête du parement extérieur, ce qui conduira à un profil intérieur également courbe.

Dans chaque opération numérique, on déterminera la résultante des forces extérieures relatives à la section considérée, en composant la réaction exercée par le massif sur la partie de parement située au-dessus de cette section, avec le poids de la maçonnerie supérieure.

On n'a qu'à se reporter, pour les détails du calcul, à ce qui a été dit au sujet des murs de réservoirs : le problème à résoudre est le même, sauf que chaque réaction élémentaire $s = \frac{q}{\cos \theta + \alpha}$ fait l'angle θ avec la normale à l'élément correspondant du parement intérieur.

Cette étude pourra être un peu longue et laborieuse, mais en définitive on arrivera, après quelques tâtonnements, à réaliser un profil d'égale résistance qui sans nul doute sera, pour une hauteur un peu grande, beaucoup plus économique, à stabilité égale, que le profil usuel en trapèze.

Toutes les fois que les recherches ainsi dirigées conduisent à un parement intérieur en surplomb, plan ou courbe, on a une solution peu coûteuse, mais qui ne convient guère qu'à un mur de tranchée, quand le terrain de déblai a une cohésion suffisante pour qu'on puisse le tailler sans crainte d'éboulement suivant un talus assez raide pour reproduire exactement le profil du parement intérieur du mur.

Le travail de construction s'effectue sans difficulté et dans d'excellentes conditions pratiques, si le maçon peut appuyer la maçonnerie contre la surface du terrain bien dressée à l'avance (fig. 87).

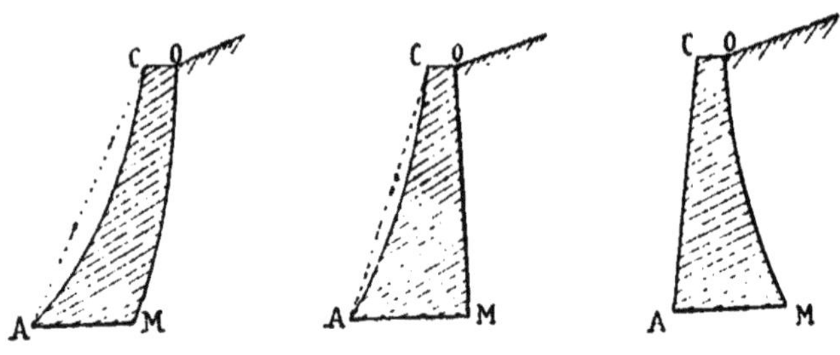

Figures 87, 88 et 89.

Mais il n'en serait pas de même pour un mur destiné à soutenir un remblai, à élever après coup : la construction du mur en surplomb n'est pas une opération pratique. C'est pourquoi on est obligé d'attribuer à l'angle α une valeur positive, ou tout au plus nulle, c'est-à-dire correspondant à un parement intérieur vertical ou ayant un très léger fruit du côté des terres (fig. 88).

Quand, par suite de sujétions spéciales, on est conduit à dresser verticalement le parement extérieur, ou à ne lui donner qu'un fruit insignifiant, du dixième ou du vingtième de sa hauteur, la solution imposée est la moins économique, au point de vue du cube des maçonneries à exécuter (fig. 89).

Le choix à faire entre un parement intérieur plan ou un parement courbe dépendra de l'écart existant entre la surface du profil trapézoïdal et celle du profil d'égale résistance : cet écart sera d'autant plus important que la hauteur sera plus considérable. Pour de petits murs de soutènement, il est sans intérêt de compliquer les calculs et le travail des maçons par l'adoption d'un profil courbe.

Il est bien entendu qu'après avoir arrêté le contour théorique du mur, on devra modifier, s'il y a lieu, le tracé du parement intérieur pour y ménager les gradins ou les saillies destinées à relier le mur au terrain. Cette modification, n'apportant que des changements insignifiants dans les conditions de stabilité, ne saurait justifier de nouveaux calculs.

39. — Murs à contreforts. — Si l'on veut renforcer un profil courant de stabilité insuffisante par des contreforts en saillie, il est préférable de placer ces contreforts à l'extérieur (fig. 90).

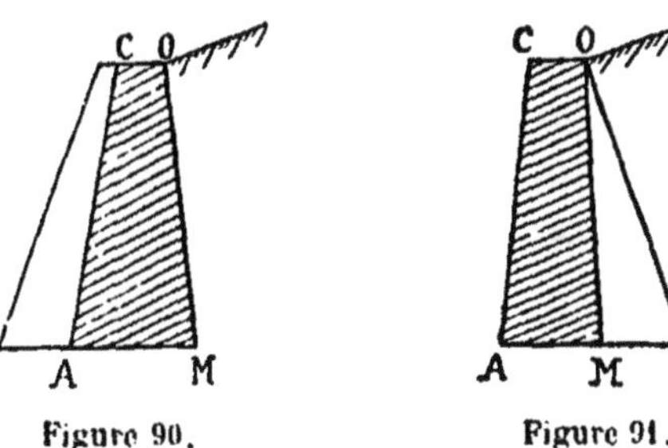

Figure 90. Figure 91.

Le moment de stabilité, c'est-à-dire le moment du poids de la maçonnerie par rapport à l'arête de renversement, située au pied des contreforts, est en effet plus considérable, et le mur est plus apte à résister aux poussées horizontales.

Cette solution, évidemment la meilleure, n'est pas toujours réalisable. Si l'on est obligé de placer les contreforts du côté des terres, il faut les bien relier au mur de masque pour éviter une disjonction, qui se manifeste parfois par des fissures verticales apparentes, auquel cas le contrefort perd beaucoup de son efficacité. On a quelquefois été obligé, pour remédier à cet accident, de relier les contreforts au mur au moyen de chainages métalliques.

40. — Fondations des murs. — Quand un mur repose sur un terrain rocheux ou pierreux offrant une résistance à la compression équivalente à celle de la maçonnerie, il n'y a aucune précaution spéciale à prendre pour asseoir l'ouvrage sur sa base de fondation. Il n'en est pas de même si la résistance de la fondation (pilotis, terrain sensiblement compressible, argile compacte, marne, calcaire tendre, gravier ou sable argileux) est inférieure à celle de la maçonnerie. Il faut alors agrandir la base de fondation : l'élargissement doit être pratiqué de préférence en avant du parement extérieur, pour écarter l'arête de renversement de la verticale du centre de gravité de la maçonnerie.

Si l'on prévoit un tassement du terrain d'appui, nous recommanderons de calculer largement ce surcroît d'épaisseur de la maçonnerie de fondation, de telle manière que la résultante des forces extérieures appliquées au mur (réaction des terres et poids propre de la maçonnerie) passe par le centre de gravité de la base d'appui (fig. 92).

Dans ces conditions, le tassement s'effectuera verticalement, sans que le mur éprouve aucun déversement ni à l'avant ni à l'arrière. D'autre part la charge se répartira uniformément sur la surface de contact avec le terrain, et par suite la pression y sera réduite au minimum.

Un élargissement de la fondation pratiqué en

arrière, du côté du massif, est beaucoup moins efficace. La maçonnerie en supplément n'influe guère sur la stabilité que par son poids propre : en appliquant la règle du triangle, on constate que la pression est nulle sur la surface ajoutée à la base d'appui. Avec un ouvrage fondé de cette façon, le tassement du sol détermine forcément un déversement du mur qui s'incline

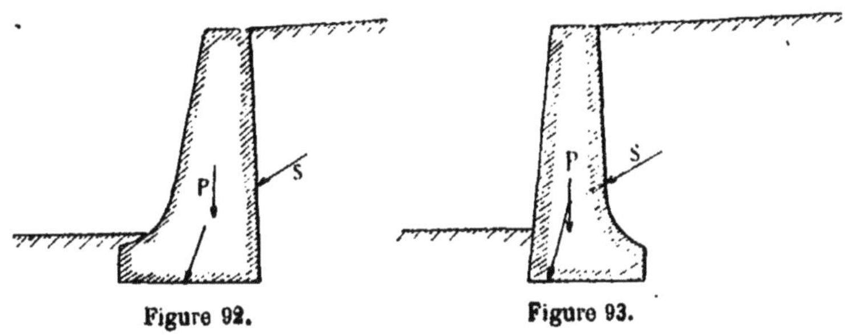

Figure 92. Figure 93.

en avant. Cette déformation, à supposer qu'elle ne compromette pas la stabilité, est toujours d'un effet fâcheux. Elle est susceptible de s'accentuer avec le temps si, par suite de circonstances accidentelles, par exemple une inondation ou une invasion d'eaux souterraines, le sol constituant la base d'appui vient à se ramollir, avec diminution de sa résistance.

Si l'on se trouvait dans l'impossibilité de faire saillir le massif de fondation en avant du parement extérieur, on devrait le cas échéant réduire le poids de l'ouvrage et reculer en arrière son centre de gravité, au moyen d'évidements pratiqués dans le mur, couverts par des voûtes et fermés par un mur continu maintenant les terres. Ce serait là en somme un profil de mur à contreforts. Ceux-ci seraient les piédroits des voûtes successives, et le mur de masque se trouverait incliné sur la verticale.

On a appliqué ce mode de construction à des murs de quai, dans des ports maritimes, quand les fondations étaient difficiles et inspiraient peu de confiance : il permet, en attribuant une épaisseur convenable à la

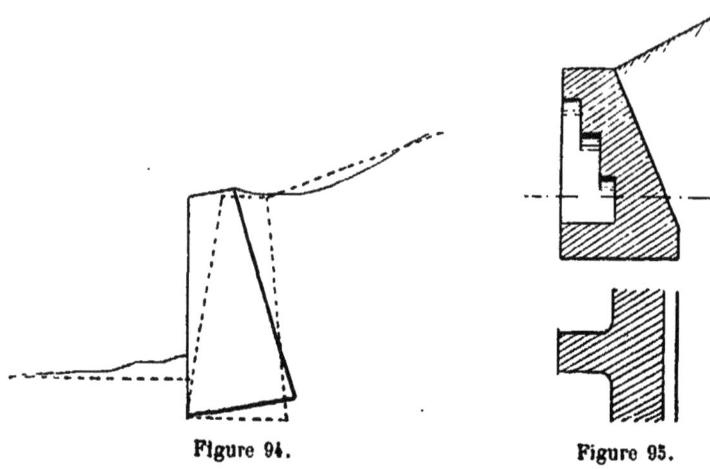

Figure 94. Figure 95.

base du mur, de faire passer la résultante des forces extérieures par le centre de gravité de cette base.

La limite de sécurité à admettre pour la pression sur le sol de fondation sera indiquée par l'expérience, ou pourra résulter d'un calcul approximatif, basé sur la consistance du sol, au sujet duquel nous renverrons à l'article 14, où cette question a été traitée.

Dans l'étude que nous venons de faire, nous n'avons envisagé que la charge verticale à faire supporter par la fondation, en laissant de côté la composante horizontale de la réaction exercée par le mur sur sa base d'appui. Or cette composante, qui est la poussée des terres, détermine dans le sol des actions tangentielles horizontales, qui peuvent provoquer la chute du mur, par un glissement général de la couche qui le porte. Il faut donc que cette poussée soit équilibrée par une force horizontale égale et de sens opposé, que nous appellerons la *butée* du sol dans lequel le mur est encastré.

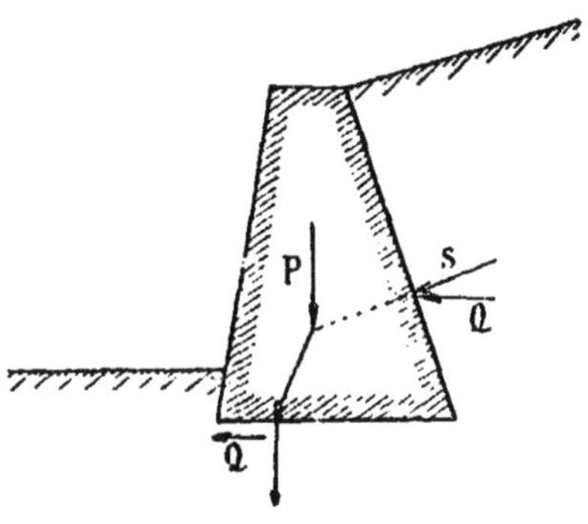

Figure 96.

Après avoir vérifié que la compression du terrain ne dépassera pas la limite de sécurité admise, il conviendra de s'assurer que sa butée, c'est-à-dire l'effort horizontal qu'on peut lui faire subir sans le désagréger et sans le refouler en arrière, est au moins égale à la poussée du massif.

Nous renverrons pour l'étude de cette question à l'article 43, relatif à *la butée des terres*. Nous y indiquerons la méthode à suivre pour vérifier qu'une fondation, reconnue suffisamment stable en ce qui touche la résistance aux charges verticales, l'est également au point de vue de la résistance à la poussée horizontale.

41. Des causes de dégradation et de ruine des murs de soutènement. — Un mur de soutènement peut manquer de stabilité :

1° Par insuffisance d'épaisseur de la maçonnerie, auquel cas l'ouvrage se déforme et se gauchit, avec déplacement en avant de la crête. Le parement se fissure, le mortier se désagrège, et les pierres éclatent ;

2° Par compression exagérée du sol de fondation. L'ouvrage éprouve un tassement vertical, généralement accompagné d'un déversement vers l'extérieur (fig. 94) parce que la pression sur l'arête de renversement est plus élevée que sur le côté opposé de la base : le mur peut être culbuté en avant ;

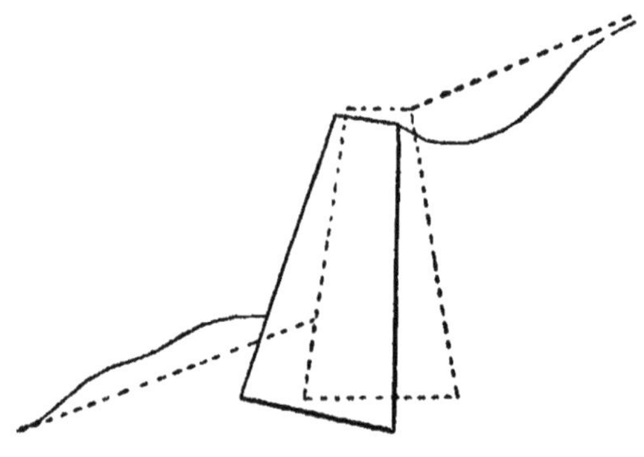

Figure 97.

3° Par insuffisance de butée du sol de fondation. La poussée chasse le mur en avant, et ce mouvement de translation horizontale est d'habitude accompagné d'un déversement par rotation, soit à l'avant, si la pression maximum sur sa base est elle-même considérable, soit le plus souvent à l'arrière. Le mur se couche de côté du massif, la crête restant presque immobile, tandis que le pied marche en refoulant le sol de fondation. Le parement intérieur prend un surplomb de plus en plus accusé, et finit par atteindre l'inclinaison du talus naturel. La poussée s'annule, et les débris de la maçonnerie se trouvent portés par le massif éboulé.

En dehors des causes générales de dégradation ou de ruine qui menacent tous les ouvrages en maçonnerie, il en est de spéciales aux murs de soutènement, qu'il nous paraît utile de signaler avec quelques détails.

Il arrive parfois que le mortier est désagrégé et mis en bouillie par des infiltrations d'eau chargée de sulfate de chaux, en vertu de réactions chimiques encore peu connues. Dans les contrées granitiques et surtout dans les régions tourbeuses, les eaux sont souvent acides et appauvrissent le mortier par dissolution de la chaux.

On constate quelquefois des fractures et des dislocations de murs dues à des racines d'arbres qui ont pénétré dans la maçonnerie ; les plantes grimpantes et les arbustes peuvent dans les mêmes conditions détruire la cohésion du mortier et soulever les pierres de parement.

Les inondations causent des accidents graves en détrempant les terres soutenues par le mur, augmentant ainsi leur poids et réduisant presque à zéro l'angle du talus naturel. Au moment de la baisse des eaux, la poussée devient considérable et peut renverser le mur avant que les terres se soient asséchées.

Le danger est aggravé si le sol de fondation a été lui-même amolli par l'eau, et a perdu de ce chef une partie de sa résistance à la compression, en même temps que sa butée s'est sensiblement amoindrie.

Quand l'axe longitudinal d'un mur, perpendiculaire à sa coupe verticale, décrit en plan une courbe tournant sa concavité du côté des terres, il arrive que pendant la saison froide, l'abaissement de la température, qui provoque la contraction de la maçonnerie sur le parement extérieur exposé à l'air, y détermine des fissures verticales qui se remplissent bientôt de détritus et de sable. Au changement de saison, lorsque la température s'élève, le parement se dilate et les fissures se refermeraient, si elles n'étaient obstruées par des débris. Cet obstacle à la libre expansion de la matière y détermine un travail de compression considérable, qui provoque un mouvement du mur. On constate ainsi que les murs convexes avancent et se déversent, en même temps que des fissures verticales s'y manifestent à la suite des gelées.

Il est donc prudent d'attribuer aux murs de quelque importance une direction rectiligne. Il serait même préférable, si on le peut, de leur faire décrire une courbe tournant sa convexité du côté des terres : il ne se produit, en ce cas, jamais de fissures sous l'action des gelées, et les relèvements de température chassent le mur vers l'arrière et l'appuient contre les terres, au lieu de l'attirer en avant.

Nous avons cru utile de signaler toutes ces causes de dégradation ou de ruine, parce qu'elles expliquent dans bien des cas des accidents que l'on aurait tort d'imputer à l'insuffisance de stabilité de l'ouvrage, alors qu'elles sont dues à des causes étrangères à la solidité de la maçonnerie et à la résistance de sa fondation. En pareil cas, il faut s'ingénier à reconnaître et à annihiler la cause du dégât, et non pas se borner à renforcer purement et simplement l'ouvrage par un supplément de maçonnerie.

42. Des ouvrages de soutènement en bois, en métal ou en ciment armé. — Les ouvrages de ce genre, édifiés avec des matériaux travaillant également bien à l'extension et à la compression, comportent, par raison d'économie, des éléments peu épais, et ont par suite un poids propre presque négligeable devant la réaction du massif. Il est donc nécessaire pour la stabilité que cette réaction passe à peu près au milieu de la base de fondation pour que la pression y soit répartie de façon sensiblement uniforme; et que sa direction soit peu écartée de la verticale, sans quoi l'ouvrage risquerait de glisser en avant sous l'action de la poussée.

Un ouvrage de cette nature sera constitué par deux plateaux minces, l'un servant de masque et soutenant les terres, l'autre horizontal ou sensiblement horizontal, et reportant la réaction sur la base de fondation. Ces deux plateaux seront reliés entre eux par une série de cloisons ou nervures verticales, travaillant à la compression si elles sont en avant du masque, et à l'extension si elles sont situées en arrière et noyées dans le terrain.

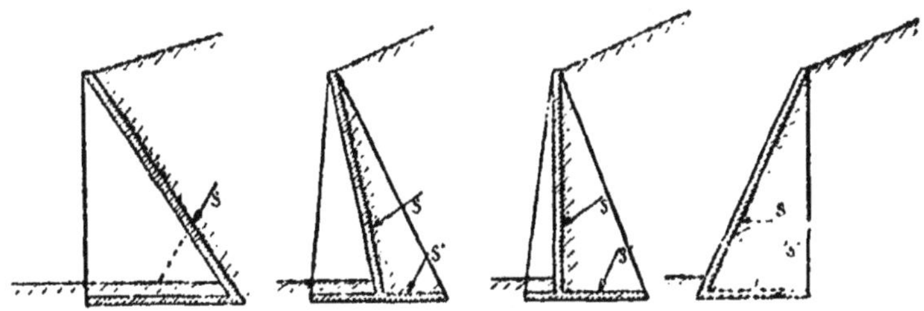

Figures 98, 99, 100 et 101.

Les figures 98, 99, 100 et 101 indiquent différentes solutions qui paraissent rationnelles.

Si l'angle α du masque est positif et très grand, le patin sera tout entier en avant, et fera avec lui un angle aigu, dont l'intérieur sera divisé par les cloisons verticales reliant les plateaux. Si l'on redresse le masque, en diminuant l'angle α et le rapprochant de zéro, il faudra faire déborder le patin en arrière, du côté des terres, et relier cette saillie interne au masque par d'autres cloisons noyées dans le massif.

Si le masque est vertical, le patin sera presque entièrement noyé dans le massif, sauf une légère saillie en avant.

Enfin si l'angle α est négatif, l'inclinaison du masque se rapprochant de celle du talus naturel, le patin sera, ainsi que les cloisons, tout entier à l'arrière, et sa largeur pourra être sensiblement réduite.

La réaction S du massif sur le masque passe au tiers de la hauteur : on calculera la poussée et l'angle θ par la méthode habituelle. Pour la réaction S', directement exercée sur la partie AB du patin par les terres qui le couvrent, il conviendra, si le patin est horizontal, de recourir aux formules de la note de la page 143 (art. 31).

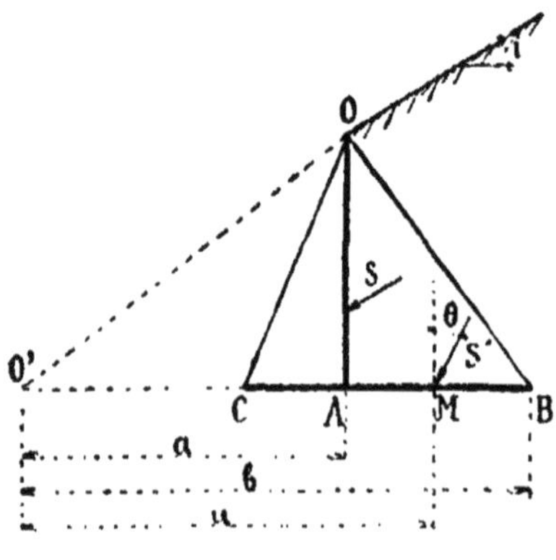

Figure 102.

Soit O' le point d'intersection de l'horizontale du patin avec la surface libre du massif. Désignons par

a et b ses distances aux deux extrémités A et B du patin enterré ; par u la distance inconnue de ce même point O' au point d'application M de la réaction S'.

Si l'on a $i > o$ (fig. 102) les formules à employer seront :

$$\operatorname{tg} \theta = \frac{\sin \varphi \sin (\beta - \gamma)}{1 + \sin \varphi \cos (\beta - \gamma)} ;$$

$$Q = \Delta \left(\frac{b^2 - a^2}{2} \right) \cos^2 i \, f(i) ;$$

$$u = \frac{2}{3} \cdot \frac{b^3 - a^3}{b^2 - a^2} .$$

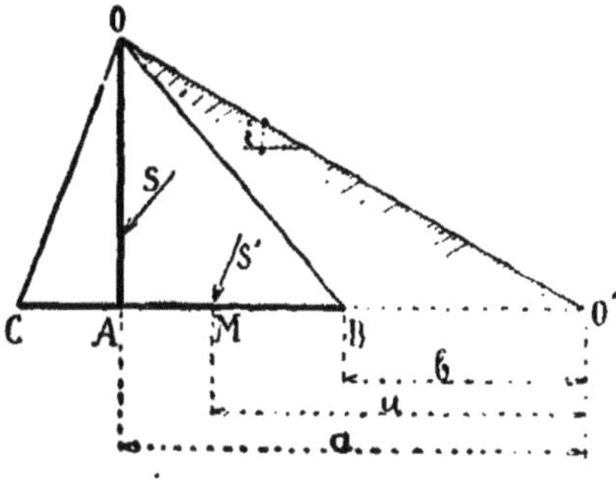

Figure 103.

Si l'on a $i < o$ (fig. 103), on se servira des formules :

$$\operatorname{tg} \theta = \frac{\sin \varphi \sin (\gamma - \beta)}{1 + \sin \varphi \cos (\gamma - \beta)} ;$$

$$Q = \Delta \frac{(a^2 - b^2)}{2} \cos^2 i \, f(i) ;$$

$$u = \frac{2}{3} \frac{a^3 - b^3}{a^2 - b^2} .$$

On déterminera les conditions de stabilité de la fondation en appliquant sur la base d'appui BAC du patin la résultante des réactions S et S', et le poids propre de l'ouvrage.

Il conviendra également de vérifier que la butée du sol de fondation peut équilibrer la poussée du massif, par la méthode qui sera exposée dans l'article 43 suivant.

On calculera les cloisons verticales, en considérant que chaque coupe horizontale de la cloison et de la partie du masque attenante (de longueur égale à l'équidistance des cloisons), est une section à simple té soumise à l'action de la réaction S, relative à la partie du masque située au-dessus de cette section, dont la direction et la grandeur sont connues : on en déduira l'effort normal, l'effort tranchant et le moment fléchissant, et l'on calculera sans difficulté le travail en un point quelconque de la cloison.

43. Butée des terres. — Supposons que l'on applique sur le parement extérieur d'un mur de soutènement une force supérieure à la réaction du massif. L'ouvrage s'inclinera en arrière et viendra comprimer le massif. Par suite la ligne de poussée se relèvera, et la réaction des terres augmentera. On pourrait supposer *a priori* qu'en exerçant une pression de plus en plus élevée sur le parement extérieur du mur, on arriverait à faire passer le massif situé en arrière de l'état d'équilibre strict inférieur à l'état supérieur. Mais pour obtenir ce résultat, il faudrait relever la ligne de poussée sur toute l'étendue du massif, et par suite déterminer chez lui une réduction de volume notable. Or le recul par déversement du mur ne peut être que très faible avant que la maçonnerie, ayant dépassé sa limite d'élasticité, se désagrège et se disloque. De sorte que l'accroissement de la poussée des terres ne peut, sans que le mur se dégrade, correspondre qu'à la contraction d'une zone du massif assez restreinte, qui soit de grandeur comparable à la déformation élastique du mur lui-même. Par exemple, la ligne de poussée, qui primitivement, pour l'état d'équilibre inférieur, était figurée par la ligne courbe AB, qui tourne sa concavité vers le bas, et se raccorde en B avec la droite de poussée du massif indéfini, sera remplacée par la courbe A'B', tournant sa concavité vers le haut, et se raccordant également, en un point B' assez voisin de

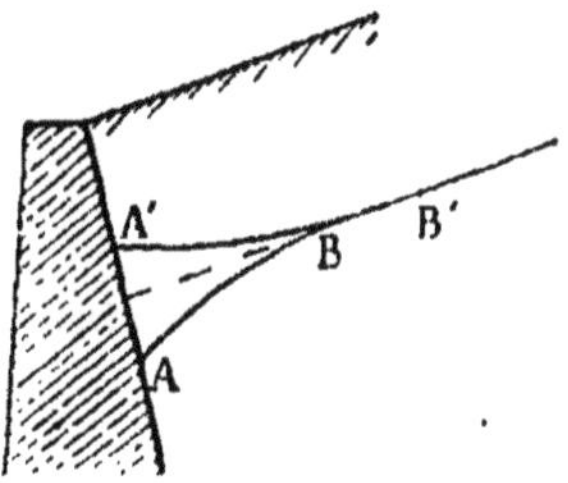

Figure 104.

la maçonnerie, avec la même droite de poussée. La réaction du mur qui était auparavant dirigée de haut en bas, comme la pesanteur, tendra à se relever et à suivre une direction orientée de bas en haut (fig. 104).

L'angle θ deviendra négatif, et tendra vers la limite $-\varphi$.

Quelle est l'augmentation de poussée sur laquelle on peut légitimement compter, s'il s'agit, par exemple, d'appuyer sur un massif de terre la culée d'une voûte en maçonnerie, ou d'un arc métallique, et que l'on ait besoin de la réaction des terres pour assurer l'équilibre de l'ouvrage ? La résolution de ce problème apparaît comme bien difficile, parce que la région comprimée, correspondant à la courbe A'B', est dans un état d'équilibre intermédiaire, avec angle maximum de glissement inférieur à φ. Il faudrait faire intervenir dans les recherches le coefficient d'élasticité de la maçonnerie, et tenir compte de la plasticité des terres.

Nous n'avons pas essayé de soumettre la question à un calcul rigoureux. Nous nous bornerons à indiquer une méthode empirique. Cette méthode que nous a suggérée l'examen de l'allure des lignes de charge dans le massif de butée, ne saurait prétendre à l'exactitude. Elle n'a d'autre mérite que d'être simple, et de ne pouvoir donner d'indications absurdes ou exagérées.

Soit OM un plan vertical sur lequel on exerce, aux deux tiers de la hauteur z à partir du point O, un effort tendant à repousser le massif de terre, qui a pour surface libre le plan ON, d'inclinaison i.

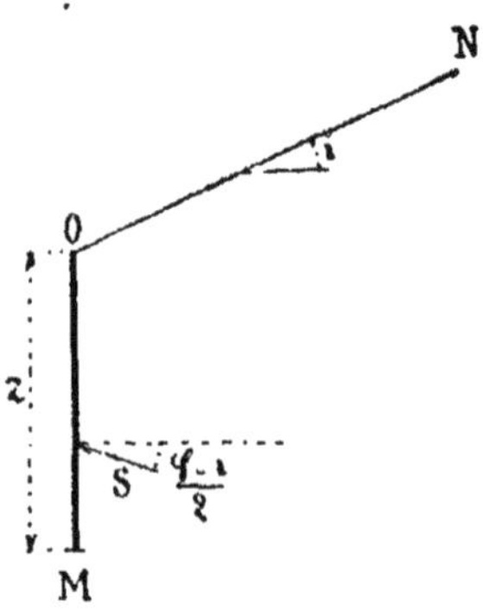

Figure 105.

La réaction S du massif, sur laquelle on pourra tabler dans les calculs de stabilité, fera avec l'horizontale l'angle négatif $\frac{i-\varphi}{2}$. Sa composante verticale sera donc dirigée de bas en haut.

La composante horizontale Q, *butée* du massif, sera fournie par la relation :

$$Q = B\frac{\Delta z^2}{2} = \frac{\Delta z^2}{2}\cos^2 i + \operatorname{tg}^2\varphi\left(\frac{Ai}{A-\varphi} - \frac{A-\varphi}{Ai}\right).$$

Les nombres Ai et $A - \varphi$ sont tirés des tableaux numériques relatifs au calcul de la poussée des terres. Ils correspondent à la donnée $\alpha = o$, et sont relatifs respectivement aux deux cas où l'inclinaison de la surface libre du terrain est soit i, soit φ.

Au surplus, nous avons calculé le *coefficient de butée* B pour les valeurs successives de l'angle φ comprises entre 20° et 45°, et les résultats numériques ont été portés dans un tableau faisant suite aux précédents.

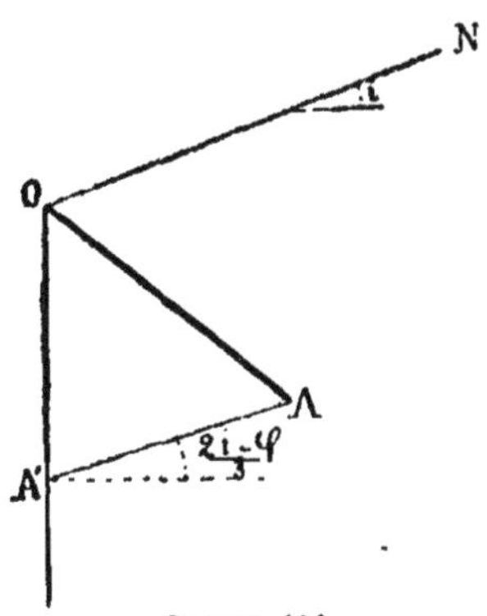

Figure 106.

Supposons que la surface d'appui sur le massif soit le plan incliné OA, faisant avec la verticale du point O un angle α positif. On mènera par le point A une droite faisant avec l'horizontale l'angle $\frac{2i-\varphi}{3}$, qui rencontrera en A' la verticale passant par O. On appliquera, pour le calcul de la butée Q, la formule précédente, en attribuant à z la valeur OA' (fig. 106).

Supposons que la surface d'appui soit le plan oblique OB, faisant avec la verticale du point O un angle α négatif. On mènera par le point B une droite faisant avec l'horizontale l'angle $\frac{i-2\varphi}{3}$, qui rencontrera en B' la

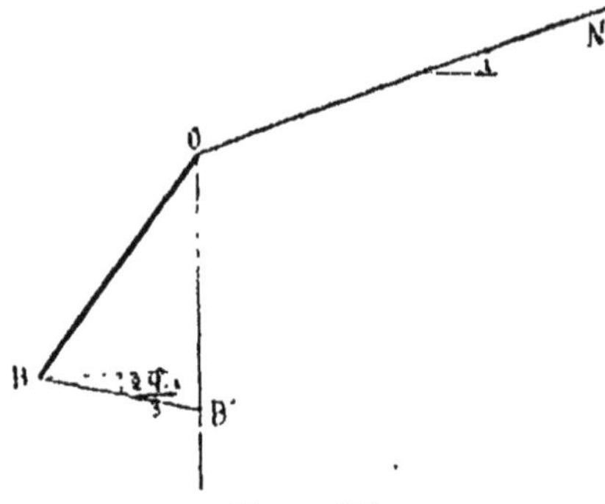

Figure 107.

verticale passant par O. On se servira encore de la formule précédente pour le calcul de Q, en attribuant à z la valeur OB' (fig. 107).

Considérons enfin le cas général où la surface d'appui est définie par une ligne quelconque, partant d'un point O de la surface libre. On mènera à droite de la

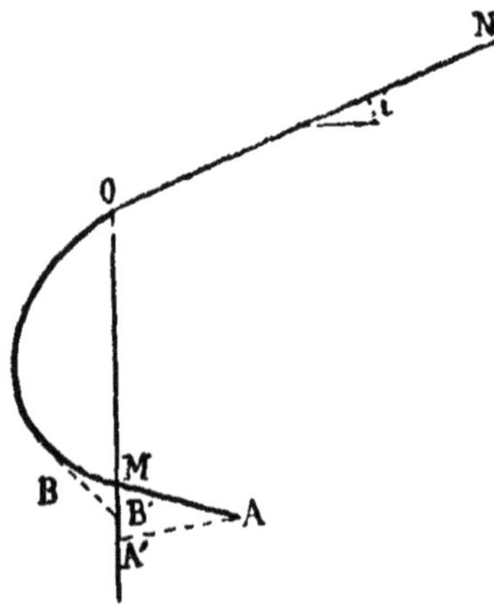

Figure 108.

verticale du point O, du côté des α positifs, la droite AA′, d'inclinaison $\frac{2i - \varphi}{3}$, passant par un point A de la ligne d'appui et située tout entière au-dessous de cette ligne. On mènera de même, à gauche de la verticale OM, du côté des α négatifs, la droite BB′, d'inclinaison $\frac{i - 2\varphi}{3}$.

La butée Q se calculera ensuite en prenant pour z la plus grande des deux longueurs OA′ et OB′, et se servant de la formule précédente.

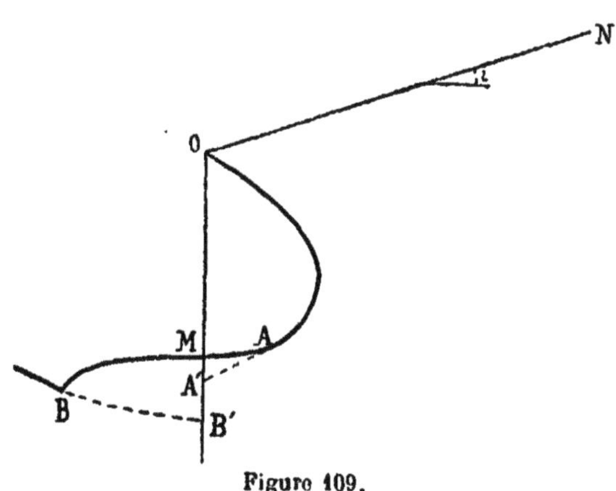

Figure 109.

Cette règle de calcul, qui *a priori* doit sembler passablement arbitraire, donne des résultats rigoureusement exacts dans le cas particulier où $i = -\varphi$, la pente de la surface libre à partir du point O correspondant au talus naturel descendant.

En toute autre circonstance, elle fournira des indications plausibles, que nous estimons ne pas devoir s'écarter beaucoup de la réalité, et pécher plutôt par insuffisance que par excès.

On constate sur le tableau numérique des coefficients

de butée que, pour un terrain donné, la butée croît au fur et à mesure que l'inclinaison i s'élève depuis $-\varphi$ jusqu'à $+\varphi$, ce qui est rationnel. D'autre part, pour une même inclinaison i de la surface libre, la butée est d'autant plus grande que, l'angle φ étant plus fort, le terrain a plus de consistance, ce qui est bien conforme à la réalité. En particulier, pour $i = o$, le coefficient de butée, égal à l'unité pour $\varphi = o$ (pression hydrostatique), augmente régulièrement avec la consistance du terrain, suivant une loi qui, *a priori*, nous paraît très vraisemblable.

En définitive, nous étant proposé d'indiquer une méthode simple, pour la résolution approximative d'un problème pratique très complexe, nous n'avons rien trouvé de mieux que la formule et les constructions géométriques énoncées ci-dessus.

Nous allons faire voir comment on peut les utiliser pour la vérification de la stabilité d'un mur de soutènement, au point de vue spécial de la butée du sol de fondation.

Soit OMAB le profil transversal du mur, dont le parement antérieur BA rencontre le sol de fondation en N.

Nous désignerons: par h la distance verticale de la crête O du mur au point N; par x et y les distances horizontale et verticale du point N à l'arête supérieure M du parement d'arrière OM ; par i' l'inclinaison du terrain de fondation en avant du mur, qui sera positive si la ligne NT va en s'élevant à partir de N, et négative dans le cas contraire ; par φ' l'angle de rupture définissant la consistance du sol de fondation ANT.

On commencera par calculer la poussée qu'exerce

sur le parement intérieur OM le massif soutenu par le mur, en tenant compte, le cas échéant, du changement de nature de la terre quand on passe de la tran-

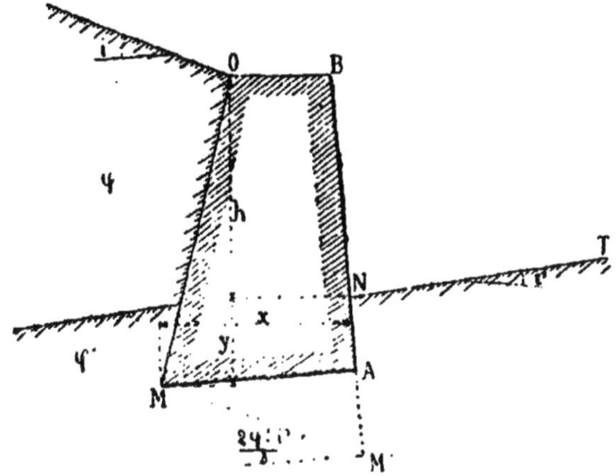

Figure 110.

che située au-dessus de l'horizontale N, qui peut être un remblai, au sol naturel situé au-dessous de cette horizontale. La distance verticale mutuelle des points O et N étant représentée par $h+y$, la poussée sera fournie par une relation de la forme (art. 33) :

$$Q = A\frac{\Delta h^2}{2} + A'\frac{\Delta'}{2}(h+y)^2 - h^2).$$

A et A' sont les coefficients de poussée relatifs à l'angle α que fait la droite OM avec la verticale ; ils correspondent l'un aux données i et φ, et l'autre aux données i et φ'.

Cette force Q doit être équilibrée par la butée que le sol de fondation exerce sur le mur. On la déterminera en menant par le point M une droite descendante faisant avec l'horizontale l'angle $\frac{2\varphi'-i'}{3}$, qui rencontrera en M′ la verticale du point N. La quantité z, qui figure dans l'expression de la butée, est précisément la longueur NM′, qui a pour valeur $y + x \operatorname{tg}\left(\frac{2\varphi' - i'}{3}\right)$.

La butée se calculera donc par la formule :

$$Q' = B' \frac{\Delta'}{2}\left(y + x \operatorname{tg} \frac{2\varphi' - i'}{3}\right)^2.$$

B′ est le coefficient de butée correspondant aux données i' et φ'.

Si la valeur trouvée pour la butée Q′ est supérieure à celle de la poussée Q, l'équilibre du mur est assuré. S'il en est autrement, il faudra *modifier la fondation* de manière à faire croître la butée, ce qui revient à augmenter la distance z ou NM′.

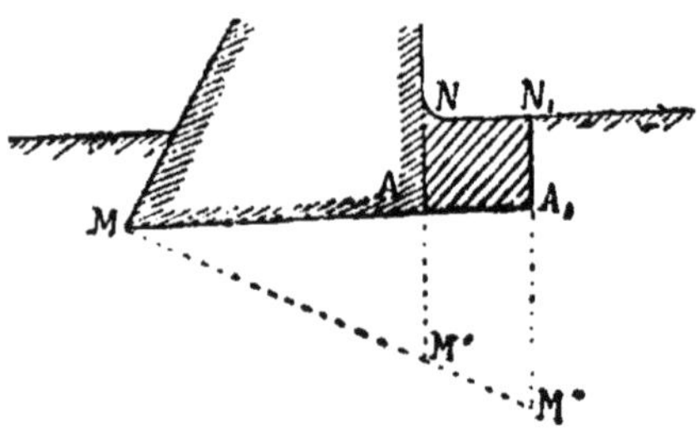

Figure 111.

Ce résultat peut être obtenu de deux manières : 1° en attribuant au massif de fondation un plus grand empattement x. L'élargissement de la base d'appui devra être opéré en avant du parement extérieur BA, pour des raisons exposées précédemment (art. 40). Par exemple (fig. 111), on ajoutera à la maçonnerie encastrée dans le sol le rectangle NAA_1N_1. La distance z sera, par cette modification, portée de NM′ à NM″ ; 2° en augmentant la profondeur d'encastrement y. Supposons que nous remplacions par de la maçonnerie la terre comprise dans le triangle MAM′ (fig. 112). La distance z n'en sera pas changée, et sera toujours NM′. On aura donc fait une dépense inutile, en ce qui touche la butée du sol.

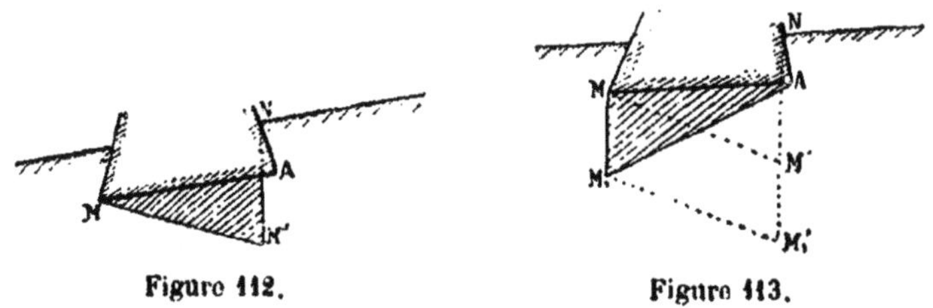

Figure 112. Figure 113.

Retournons bout pour bout le triangle MAM′, en faisant partir de M son côté vertical (fig. 113). La distance z, devenue NM'_1, se trouvera accrue de la longueur $M'M_1'$.

On voit ainsi que, s'il y a intérêt à placer le point M aussi bas que possible, en vue d'accroître l'épaisseur de la tranche de terrain dont la butée vient équilibrer la poussée subie par le mur, il n'est nullement utile d'en faire autant pour le point A.

On peut, sans porter aucune atteinte à la stabilité de l'ouvrage, économiser un volume notable de maçonnerie, en plaçant le point A à un niveau supérieur à celui du point M.

En conséquence le plan de la base de fondation, s'il n'est pas horizontal, doit être en pente de l'avant à l'arrière du mur.

La figure 114 représente un mur de soutènement à profil trapézoïdal, dont la fondation a été judicieusement étudiée : l'élargissement de la base de fondation est pratiqué à l'avant du mur, et la profondeur de la fouille de fondation est maximum à l'arrière. Au contraire, le mur représenté par la figure 115 a une fondation aussi peu satisfaisante que possible : l'élargissement de la base d'appui a été pratiqué à l'arrière, et le maximum de profondeur de la fouille correspond au parement extérieur.

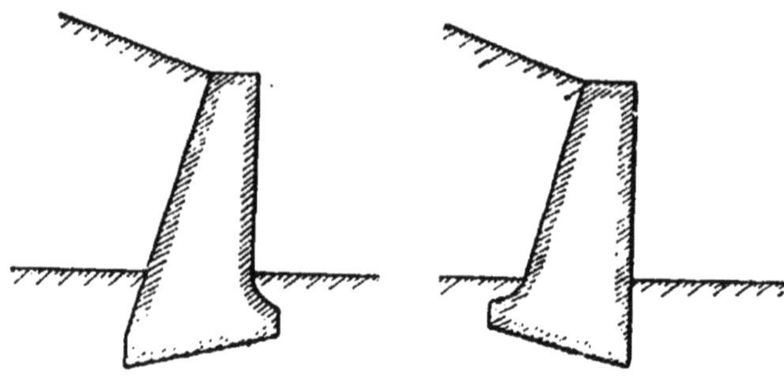

Figures 114 et 115.

Supposons que l'on redoute le glissement général d'un ouvrage en ciment armé, disposé d'après les règles énoncées à l'article 42, et qu'on juge nécessaire

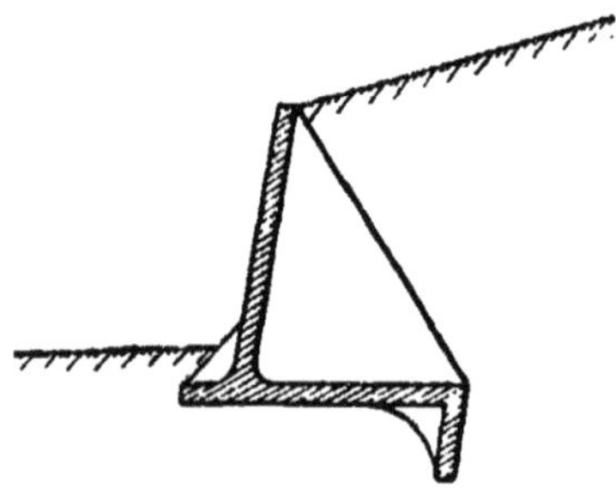

Figure 116.

d'ancrer profondément le patin dans le sol, pour accentuer la butée. Pour le même motif, il conviendra de placer la nervure verticale d'ancrage à l'arrière du patin, et non à l'avant (fig. 116).

La méthode exposée ci-dessus pourrait parfois indiquer pour la fouille de fondation une profondeur que l'on jugerait excessive et inadmissible : tel peut être le cas si la poussée est considérable, si le sol est de médiocre consistance, avec un angle φ' très petit, si enfin sa surface présente à partir du mur une pente très accentuée, l'inclinaison i' étant voisine de $-\varphi'$.

En pareille circonstance, on est pratiquement conduit à ne plus fonder directement le mur sur le terrain naturel.

Il faut recourir à des procédés de fondation permettant de prendre appui dans les couches profondes : pilotis, puits maçonnés ou remplis de pierrailles, etc.

Examinons encore le cas où l'on aurait reconnu l'existence, à une petite profondeur au-dessous de la base de fondation, d'un banc de glissement traversant

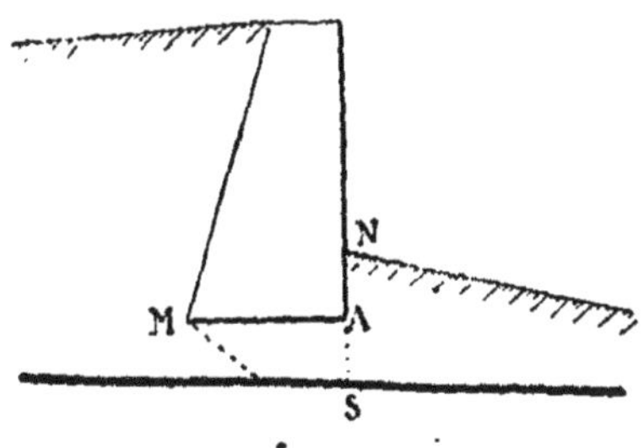

Figure 117.

le sol naturel. Il faudrait dans le calcul de la butée arrêter à ce banc de glissement la verticale menée par l'arête inférieure du parement d'avant (fig. 117).

L'épaisseur z de la tranche du sol butant le mur serait alors indépendante de la profondeur y de la fouille, ainsi que de la largeur x de la base d'appui. Elle correspondrait tout simplement à la distance NS du pied du parement antérieur au banc d'argile. Si le calcul montre alors que la butée ne peut équilibrer la poussée du mur, il faudra de toute nécessité recourir à un mode de fondation (pieux ou puits maçonnés) permettant de traverser le banc de glissement, et de s'accrocher aux couches inférieures du sous-sol.

L'insuffisance de butée d'un mur a pour conséquence un glissement général du terrain, avec surface

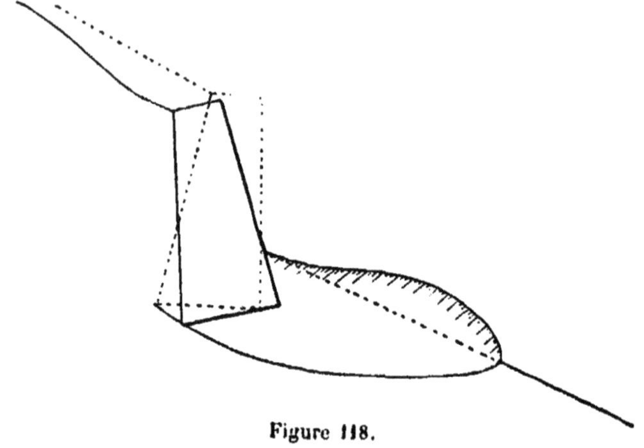

Figure 118.

de rupture passant au-dessous de la base de fondation. Le mur n'avance pas seul ; il est entraîné par le sol sous-jacent, et généralement se renverse en arrière (fig. 118).

Quand l'insuffisance de butée est due à un ramollissement du sous-sol par des infiltrations abondantes, on a pu quelquefois prévenir des accidents de ce genre, ou bien arrêter leurs effets aux premiers symptômes de glissement, en pratiquant des drainages profonds soit à l'avant du mur, soit de préférence à l'arrière quand cela était possible, pour capter les eaux souterraines, et améliorer la consistance du terrain en le desséchant.

On pourrait encore, le cas échéant, consolider un mur dont la stabilité inspirerait des craintes, en exécutant en avant de son parement un certain nombre d'éperons maçonnés, pénétrant dans le sol à une profondeur plus grande que la donnée z relative à ce mur, et en reliant les éperons au massif général de fondation. C'est là un remède coûteux, mais d'une efficacité incontestable, si l'on descend jusqu'à la profondeur voulue, ce qui est toujours rendu possible par le recours éventuel aux pilotis.

L'étude des dispositions à adopter pour permettre à une fondation sur pieux de résister à la fois aux charges verticales et à la poussée horizontale des terres ne serait pas ici à sa place : elle est exposée en détail dans le *Cours de Procédés généraux de construction.*

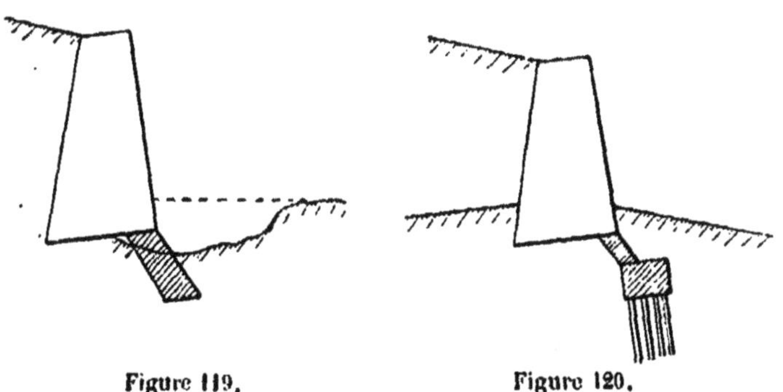

Figure 119. Figure 120.

L'emploi de risbernes maçonnées continues, exécutées en sous-œuvre sous le parement antérieur et descendues à une profondeur convenable, a également permis de raffermir des murs de quais, dont le pied avait été déchaussé par des affouillements, qui avaient fait disparaître en partie la tranche de sol naturel nécessaire pour la stabilité (fig. 119).

44. Murs d'arrêt. — Considérons une couche de terrain qui, reposant sur un banc de glissement incliné, se déplace en descendant par l'effet de la pesanteur. Désignons par P son poids, qui peut être très considérable si la couche est épaisse et étendue; par i' la pente du plan de glissement, et par ψ l'angle de frottement sur ce plan. La force F, qui détermine la progression du terrain, est la différence entre la composante tangentielle du poids P suivant la ligne de pente, et la force de frottement développée au contact du plan de glissement par la composante normale de ce même poids : $F = P (\sin i' - \cos i' \operatorname{tg} \psi)$.

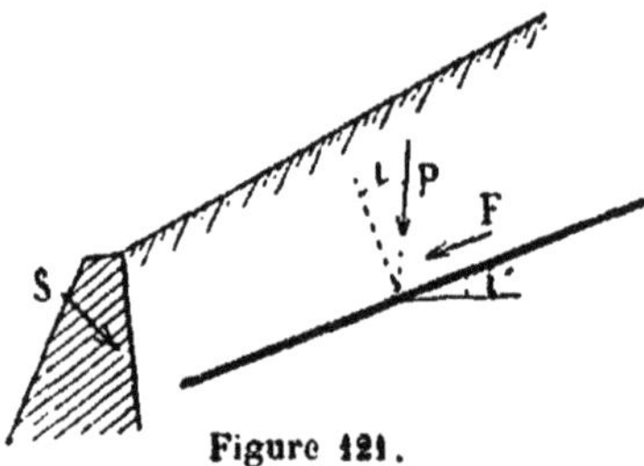

Figure 121.

Supposons que la couche vienne à rencontrer un obstacle, qui arrête sa partie antérieure : celle-ci sera comprimée entre le barrage et la partie arrière de la couche, qui continuera son mouvement de descente. Pour que toute la masse, en général animée d'une vitesse très faible correspondant à une force vive insignifiante, soit finalement ramenée à l'état de repos, il suffira que la réaction S de l'obstacle croisse jusqu'à équilibrer la force $P (\sin i' - \cos i' \operatorname{tg} \psi)$.

Si le poids P est considérable, il pourra se faire que cette force dépasse la réaction maximum correspondant à l'état d'équilibre supérieur. Auquel cas, à supposer que le barrage n'ait pas été entraîné ou renversé, la terre se disloquera, se soulèvera et passera par-dessus l'obstacle. De sorte que, si l'on se propose de maintenir par un ouvrage en maçonnerie un massif en mouvement (ce cas se présente parfois dans les cônes de déjection et les éboulis provenant des torrents alpestres), ou bien une couche reposant sur un banc de glissement, jugé susceptible de provoquer un mouvement général de descente, il faudra, dans les calculs de stabilité du mur, envisager l'hypothèse de la réaction maximum correspondant à l'état d'équilibre supérieur.

Les données du problème relatif au mur d'arrêt ne sont pas les mêmes que celles du problème déjà traité pour le mur de soutènement, et comportent une solution toute différente, ainsi que nous allons le montrer.

Mur de soutènement. — Pour le mur de soutènement, l'inclinaison de la surface libre peut varier de $-\varphi$ à $+\varphi$: la poussée est en général inclinée de l'angle $+\varphi$ sur la normale au parement, du moins lorsque l'angle α est positif et compris entre o et l'angle de glissement β (si $i > o$), ou γ (si $i < o$). L'angle θ est d'ailleurs toujours positif et en général peu différent de $+\varphi$.

La composante tangentielle au mur de la réaction des terres est dirigée de haut en bas comme la pesanteur ; les terres ont tendance à glisser le long du mur en descendant. Enfin la poussée diminue au fur et à mesure que l'angle α décroît, et tombe à zéro pour $\alpha = -\frac{\pi}{2} + \varphi$; elle est, toutes choses égales d'ailleurs, d'autant moindre que l'angle φ est plus grand.

Mur d'arrêt. — En général l'inclinaison de la surface libre est positive et voisine de $+\varphi$. On peut bien imaginer un massif à surface horizontale ou même à inclinaison i négative qui se déplacerait par suite de l'existence d'un plan de glissement ayant une inclinaison voisine de $+\psi$ (fig. 122). Mais dans ce cas le volume du massif en mouvement, et par conséquent le poids P, est relativement peu considérable puisqu'il est limité par deux plans convergents, la surface libre et le plan de glissement.

Figure 122.

La force de glissement P ($\sin i' - \cos i' \operatorname{tg}\psi$) est alors relativement petite et vraisemblablement très inférieure à la réaction maximum des terres sur le mur.

En somme le mur d'arrêt n'a à supporter d'efforts considérables que si la surface libre est à peu près parallèle au plan de glissement, et par conséquent présente une inclinaison voisine de $+\psi$.

L'angle de la réaction maximum avec la normale au mur est ici négatif et égal à $-\varphi$. La composante tangentielle suivant le parement est dirigée de bas en haut, le massif tendant à se soulever en glissant le long du mur, et à franchir l'obstacle.

Enfin, si l'on se reporte à l'épure des courbes de poussée de la page 99, on voit que la poussée ne diminue pas quand l'angle α décroît et prend des valeurs négatives de plus en plus grandes. Elle augmente au contraire, et la composante verticale de la réaction, dirigée de bas en haut, en sens inverse de la pesanteur, devient de plus en plus élevée, puisqu'elle est fournie par l'expression $-\mathrm{Q} \operatorname{tg}(\alpha + \theta)$, où les angles α et θ ont des valeurs négatives croissantes. Enfin, la poussée maximum est, toutes choses égales d'ailleurs, d'autant plus considérable que l'angle φ est plus grand. Les terrains de bonne consistance, qui exercent les moindres poussées sur les murs de soutènement, sont précisément ceux qui agissent avec le plus de puissance sur les murs d'arrêt.

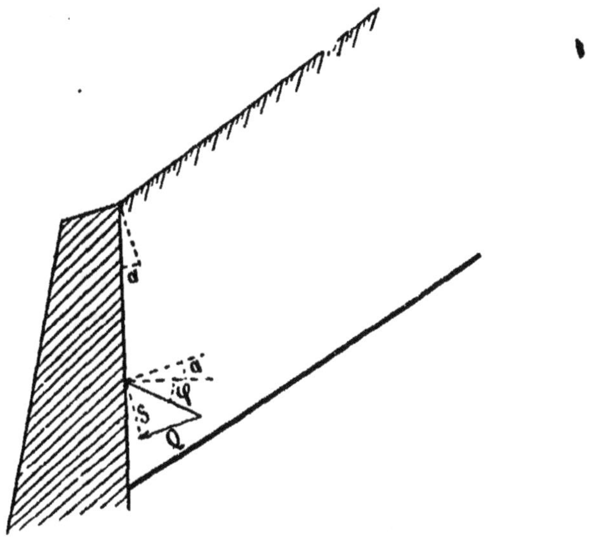

Figure 123.

Par exemple, il faudra un ouvrage beaucoup plus massif pour résister à un banc de rocher en mouvement que pour arrêter une couche d'argile molle. Quand l'angle φ est voisin de zéro, les deux poussées limites, maximum et minimum, deviennent très voisines, et les conditions de résistance sont sensiblement les mêmes pour les deux types de mur.

Pour $\varphi = o$ (eau ou vase molle), il n'y a aucune distinction à faire entre eux.

En conséquence un mur d'arrêt dont le parement intérieur serait en surplomb, n'offrirait aucune garantie de stabilité : il serait soulevé, arraché de sa fondation et entraîné par la masse en mouvement. Il est nécessaire de donner à ce parement un fruit notable, pour faciliter la montée des terres par-dessus l'obstacle.

Pour calculer exactement un ouvrage de ce genre, il faudrait disposer de tables numériques fournissant, pour les différentes valeurs de φ, i et α, la poussée maximum correspondant à l'état d'équilibre supérieur.

La préparation de ces tables s'effectuerait dans des conditions identiques à celles qui nous ont permis de fournir les renseignements numériques relatifs au cas de l'équilibre inférieur, en traçant par points un certain nombre de lignes de poussée limite.

Nous n'avons pas cru utile de nous livrer à ces recherches laborieuses, vu leur médiocre intérêt au point de vue des applicasions pratiques. Il nous sera possible toutefois d'indiquer les règles à suivre pour la détermination du profil rationnel d'un mur d'arrêt.

I. Si l'angle φ est très grand, la couche glissante étant de bonne consistance, la poussée peut être énorme, et il est permis de négliger devant cette force le poids propre de la maçonnerie.

On donnera au parement intérieur du mur un fruit correspondant à l'angle :

$$\alpha = \frac{\pi}{4} + \frac{\varphi}{2}.$$

On attribuera au parement extérieur un fruit total :

$$NA = a = \frac{1}{3} h \operatorname{tg}\left(\frac{\pi}{4} + \frac{\varphi}{2}\right),$$

égal au tiers de celui du parement intérieur.

Dans ces conditions, la réaction S, faisant l'angle $-\varphi$ avec la normale au plan OM, passera par le milieu C de la base MN du mur.

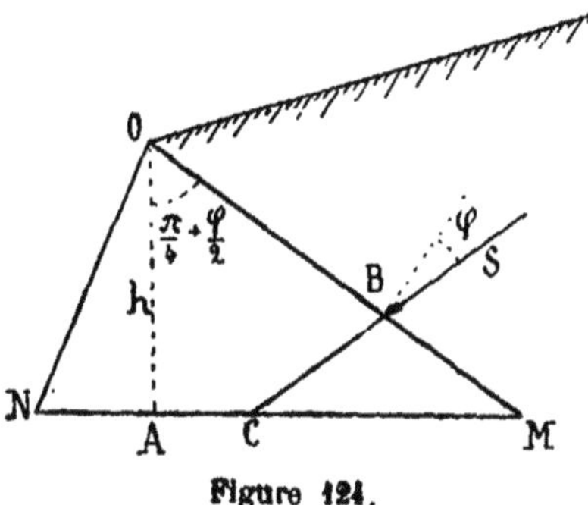

Figure 124.

Le travail à la compression sera, en désignant par Q la poussée et par D le poids du mètre cube de maçonnerie :

Sur l'arête de renversement N :

$$R = \frac{3}{4}\frac{Q}{h} \cdot \frac{\operatorname{tg}\left(\frac{\pi}{4} - \frac{\varphi}{2}\right)}{\operatorname{tg}\left(\frac{\pi}{4} + \frac{\varphi}{2}\right)} + \frac{3}{4} Dh\,;$$

Sur l'arête inférieure M du parement opposé aux terres :

$$R' = \frac{3}{4}\frac{Q}{h} \cdot \frac{\operatorname{tg}\left(\frac{\pi}{4} - \frac{\varphi}{2}\right)}{\operatorname{tg}\left(\frac{\pi}{4} + \frac{\varphi}{2}\right)} + \frac{1}{4} Dh.$$

La pression sera donc presque uniforme sur la base d'appui : il n'y aura aucune tendance au soulèvement ni au renversement du mur. Celui-ci ne pourra périr que par écrasement de la maçonnerie, hypothèse invraisemblable, attendu que sa résistance à la compression sera toujours supérieure à celle du terrain, alors même que celui-ci serait un rocher compact. Il pourra donc arriver que la couche en mouvement se disloque et remonte sur le plan incliné OM, jusqu'à franchir le mur d'arrêt, mais elle ne pourra déterminer la ruine de celui-ci.

Si l'on estime que la garantie de sécurité réalisée par ce profil est excessive et supérieure aux besoins, on

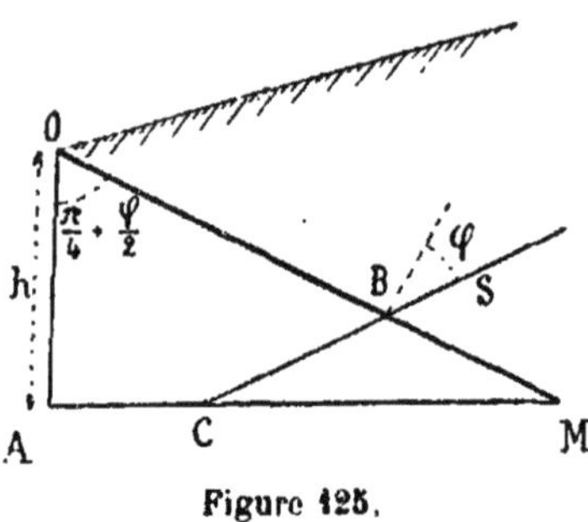

Figure 125.

pourra réduire le fruit du parement extérieur. A la limite, si on adopte un parement vertical, le profil se réduira au triangle OMA, et la pression sur l'arête de renversement P aura pour expression :

$$R = \frac{2Q}{h} \cdot \frac{\operatorname{tg}\left(\frac{\pi}{4} - \frac{\varphi}{2}\right)}{\operatorname{tg}\left(\frac{\pi}{4} + \frac{\varphi}{2}\right)} + Dh.$$

Elle dépassera le double du travail correspondant au premier profil.

Le travail R′ sur l'arête opposée M sera nul, la réaction S, ainsi que le poids propre du mur triangulaire OMA, passant au tiers de la base AM, à partir de l'arête de renversement A.

II. Si l'angle φ est petit, le profil précédent conduirait pour le mur à des dimensions très exagérées. Le poids de la maçonnerie ne pourrait plus être considéré comme négligeable en comparaison de la poussée.

On attribuera alors au parement intérieur le fruit correspondant à l'angle : $\alpha = + \varphi$.

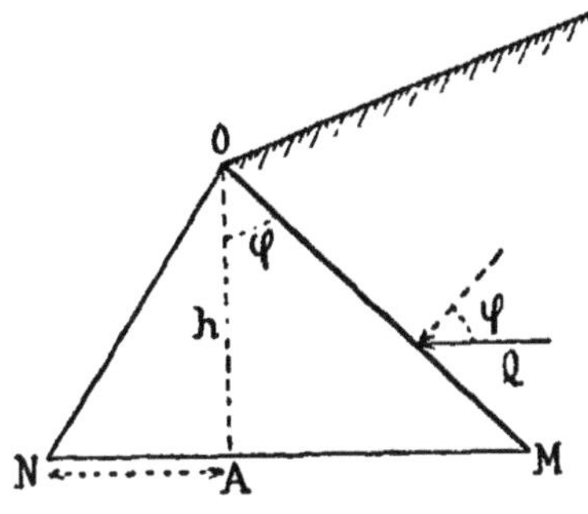

Figure 126.

La réaction sur le parement, faisant l'angle $-\varphi$ avec la normale, sera dirigée horizontalement et se réduira à la poussée Q. Nous admettrons que l'on connaisse approximativement la valeur de cette poussée.

On pourra par exemple prendre :

$$Q = \Delta h^2 \frac{\cos^2(\alpha - \varphi)}{\cos^2 \alpha},$$

ce qui revient à admettre une poussée double de celle correspondant au terrain en repos, incliné suivant le talus naturel $+ \varphi$.

On calculera le fruit du parement extérieur par la formule :

$$a = h \operatorname{tg} \varphi + \sqrt{\frac{4Q}{D}},$$

pour obtenir une répartition uniforme du poids du mur sur sa base d'appui. On trouve en effet :

$$R = R' = \frac{Dh}{2}.$$

Si ces garanties de stabilité semblent exagérées, on pourra diminuer le fruit du parement extérieur, jusqu'à la limite minimum :

$$a = -\frac{h \operatorname{tg} \varphi}{2} + \sqrt{\frac{h^2 \operatorname{tg}^2 \varphi}{4} + \frac{2Q}{D}}.$$

La résultante des forces extérieures passe alors au premier tiers de la base d'appui à partir du parement extérieur, et l'on a : $R = Ch$, et $R' = o$.

Il ne faudrait pas descendre au-dessous de cette valeur minimum de a, parce qu'alors R' serait négatif. Il y aurait travail à l'extension sur le parement intérieur : la maçonnerie serait exposée à être fissurée, disloquée et finalement entraînée par la masse en mouvement.

En définitive, le profil à admettre pour le mur d'arrêt devra toujours être intermédiaire entre les profils extrêmes I et II, et se rapprocher d'autant plus du premier que la terre sera plus compacte et plus consistante ; et d'autant plus du second que l'angle φ sera plus petit. A la limite, pour $\varphi = o$ (mur de réservoir), il faut admettre le second profil. On n'a plus affaire, à proprement parler, à un mur d'arrêt, mais à un mur de soutènement, et le parement intérieur, incliné de $+\varphi$ sur la verticale, devient lui-même vertical puisque l'angle φ est nul.

Nous insisterons encore sur l'observation déjà formulée : le parement intérieur du mur d'arrêt ne doit jamais être en surplomb du côté des terres.

L'angle α de son parement intérieur doit être positif et compris entre les deux limites $+\varphi$ et $+\frac{\pi}{4} - \frac{\varphi}{2}$.

En dehors du cas d'un terrain en mouvement, comme les cônes de déjection des torrents et les éboulis des montagnes élevées, ou d'un terrain exposé à glisser, comme il s'en rencontre dans les coteaux escarpés, il peut se présenter telle circonstance où la réaction exercée sur un mur de soutènement croîtra démesurément, jusqu'à se rapprocher du maximum correspondant à l'état d'équilibre supérieur.

Qu'un éboulement rocheux vienne à se produire, par une cause naturelle ou à la suite d'une explosion de mine, sur un terre-plein soutenu par un mur, la force vive due au choc pourra exercer sur le terrain une compression générale suffisante pour renverser le mur, alors même que l'amoncellement des débris serait assez éloigné de la crête, et que l'augmentation *statique* de poussée due à son propre poids paraîtrait insignifiante.

Il arrive parfois que des travaux de terrassement ou de percement de tunnels mettent des nappes souterraines en communication avec des bancs de rocher sujets à se gonfler par hydratation (comme le sulfate de chaux anhydre, ou anhydrite), qui antérieurement étaient protégés contre les eaux par des couches imperméables. L'augmentation de volume de ces bancs a suffi dans certaines circonstances pour déterminer dans le massif environnant des pressions capables de renverser des murs de soutènement, et même de briser des revêtements de tunnels avec écrasement de la maçonnerie.

Des accidents du même genre peuvent être à craindre, lorsqu'un banc d'argile ou de marne compacte, d'abord à peu près desséché, se trouve mis en communication avec une source d'eau abondante. Le gonflement de l'argile suffit pour causer la chûte des ouvrages en maçonnerie qui font obstacle à son augmentation de volume.

Dans une circonstance de ce genre, nous avons constaté que la destruction d'un mur de soutènement, causée par la submersion d'un banc d'argile compacte, était bien due au gonflement de la matière, et non pas à son ramollissement. On aurait pu supposer, en effet, un relèvement brusque de la poussée *minimum*, due à ce que l'angle φ aurait diminué par transformation du banc compacte en une masse pâteuse et presque liquide. Mais les talus presque verticaux du massif étaient demeurés intacts après la dislocation du mur, et se maintenaient seuls sans aucun indice d'éboulement ou d'écrasement, ce qui prouvait bien que l'angle φ avait conservé la valeur très élevée qu'il avait avant l'accident.

D'ailleurs les talus en question s'étaient avancés de plusieurs centimètres, preuve irrécusable de la dilatation subie par le terrain.

CHAPITRE CINQUIÈME

RENSEIGNEMENTS NUMÉRIQUES

SOMMAIRE :

45. Densité et angle de frottement des terres. — 46. Calcul des murs de soutènement. Terrains immergés. Coefficients de poussée. — 47. Butée des terres. Coefficients de butée. — 48. Applications numériques de la méthode de calcul des murs de soutènement.

CHAPITRE CINQUIÈME

RENSEIGNEMENTS NUMÉRIQUES

45. Densité et angle de frottement des terres. — Le poids spécifique et l'angle de frottement varient entre des limites très écartées, d'après la composition élémentaire, le degré de tassement et la proportion d'humidité. La classification des terrains ne saurait pour ce motif offrir une grande précision. Vu la variété infinie que l'on rencontre dans la nature, on est parfois dans l'incertitude sur la catégorie à laquelle il faut rapporter un cas donné. C'est ce qui explique les discordances notables, et parfois anormales, que l'on relève entre les indications numériques des différents expérimentateurs et compilateurs qui se sont occupés de la question. Il ne faut donc pas tabler sur l'exactitude des chiffres inscrits au tableau suivant, chiffres que nous avons recueillis à droite et à gauche, la plupart du temps sans en connaître l'origine, et dont nous ne saurions nous porter garant. Nous avons écarté ceux qui semblaient suspects, rectifié ceux que nous jugions trop faibles ou trop forts, pour les faire cadrer les uns avec les autres, mais en somme nous reconnaissons que tous ces renseignements, ne provenant pas d'expériences faites avec méthode et précision, sur des matériaux de composition nettement définie, peuvent en certains cas s'écarter sensiblement de la vérité.

Composition élémentaire. — Les terrains *pierreux*, formés d'éléments solides et dépourvus d'adhérence mutuelle, qui proviennent de la destruction de bancs de rochers, se distinguent par la grosseur de ces éléments : pierrailles, cailloutis ou éboulis, gravier, sable gros, fin ou extrafin. Les sables fins et extrafins renfermant une faible proportion d'humidité ont une certaine cohésion ; ils possèdent une légère plasticité que l'on ne trouve jamais dans les sables à éléments gros ou moyens.

Les terrains, qualifiés plus spécialement de *terres ou matières terreuses*, sont composés de particules très fines, le plus souvent calcaires, argileuses ou ferrugineuses, qui, à état absolument sec, constituent soit des bancs agglomérés dont la ténacité, d'autant plus grande que la proportion d'argile est plus forte, peut égaler celle d'un calcaire tendre, soit, quand ils sont désagrégés et émiettés, des amas de poussière sans consistance, dont la densité et l'angle de frottement sont inférieurs à ceux du sable extrafin sec. Mais cette poussière s'agrège spontanément si on l'humecte, et se transforme en une matière plastique douée d'une cohésion appréciable.

La terre *végétale* rentrant dans cette classe est un mélange intime d'argile et de calcaire, souvent additionné de peroxyde de fer et (en petites quantités) d'autres minéraux, tels que le sulfate de chaux ; elle renferme enfin presque toujours des matières organiques provenant de la décomposition des végétaux.

Une classe intermédiaire comprend : d'une part les

remblais formés de débris de roches très tendres, craie, calcaire argileux, marne, qui à la longue finissent par s'agréger en bancs assez compactes; et d'autre part les massifs constitués par un mélange, en proportions très variables, de corps pierreux et de particules terreuses : terres et argiles sablonneuses, graveleuses, ou renfermant des pierrailles. Suivant la prédominance de l'un ou l'autre élément, ces composés hétérogènes se rapprochent davantage de la première ou de la seconde classe des terrains.

Pour donner une idée de la confiance limitée qu'il convient d'attribuer aux moyennes portées sur le tableau suivant, nous ferons observer que les limites de poids du mètre cube indiquées pour les pierres cassées et cailloux à l'état sec, sont 1.300 et 1.600 kg.

Or, avec des corps bulleux et scoriacés, naturels ou artificiels, tels que la pierre ponce, les scories volcaniques, le mâchefer de forge, la densité s'abaisse au-dessous de 1.000 kg. Par contre les débris de certaines roches éruptives, lourdes et compactes, basalte, porphyre, trapp, etc., peuvent dépasser le poids de 2.000 kg.

On n'a fait, en ce qui touche le sable gros, aucune distinction entre le sable siliceux et le sable calcaire. Or, le premier a une densité sensiblement supérieure à celle du second; par contre, l'angle de frottement paraît plus élevé pour le sable calcaire, par suite de la rugosité de ses éléments.

Tassement. — Dans un terrain pierreux à éléments gros ou moyens, cailloutis ou gravier, le rapport du plein au vide est à peu près invariable, et l'on ne constate guère de changement de volume provoqué par l'arrosage ou le pilonnage. Le sable est susceptible d'un léger tassement, d'autant plus élevé que ses grains sont plus fins. Ce tassement, qui se manifeste à la longue dans les remblais, à la suite des alternatives de pluie et de sécheresse, peut être réalisé immédiatement au moyen d'un pilonnage par couches minces de la matière préalablement humectée.

Dans les terrains de la seconde classe, qui sont généralement employés en remblai sous forme de fragments plus ou moins volumineux, mélangés de poussière, le rapport du vide au plein peut être aussi considérable que dans les terrains pierreux à gros éléments. Mais à la longue les mottes se désagrègent et s'émiettent. Les vides se remplissent et la masse devient compacte. Le tassement, qui varie de 10 à 40 0/0, peut être obtenu immédiatement si l'on recourt à un pilonnage des mottes, qui, légèrement arrosées, perdent leur cohésion et se pulvérisent sans difficulté, pour s'agréger ensuite en masse compacte. Mais ce tassement, dû à un procédé mécanique, n'est jamais complet, et l'on constate toujours, parfois pendant plusieurs années, un affaissement lent dû à l'action des agents athmosphériques.

Les terrains de la classe intermédiaire éprouvent un tassement d'autant plus considérable que la proportion d'éléments solides est moindre. Ils se comportent donc, avec une certaine atténuation, comme ceux de la seconde classe.

La réduction de volume du remblai a toujours pour effet d'accroître la densité de la matière, et de relever en même temps son angle de frottement. En conséquence, suivant que le mur de soutènement à construire sera adossé à un talus de tranchée, où la terre aura acquis toute la consistance que comporte sa composition élémentaire, ou à un remblai dont le tassement durera plusieurs années, il conviendra de prendre dans le tableau suivant les valeurs maxima de Δ et de φ pour le premier cas, et les valeurs minima pour le second.

En général, dans les travaux de terrassements, on règle les talus de déblai à raison de 3 de base pour 2 de hauteur ($\varphi = 33°, 20'$), et les talus de remblai à raison de 1 de base pour 1 de hauteur ($\varphi = 45°$). Cette pratique est justifiée par les chiffres portés au tableau suivant. Le talus de déblai serait sans doute trop raide pour le sable pur. Mais celui-ci ne se rencontre guère que dans les lits de rivières. Le sable de carrière renferme presque toujours une certaine proportion de matières terreuses, qui lui donnent de la cohésion, et lui assurent une tenue convenable avec le talus de déblai incliné à 45°.

Humidité. — Pour les terrains de la première classe, à éléments gros ou moyens (caillou, gravier et gros sable), la présence de l'eau, remplissant plus ou moins complètement les vides entre les éléments, donne lieu nécessairement à un accroissement de la densité. L'angle de frottement est diminué dans une assez faible mesure, proportionnellement à la quantité d'eau.

Pour les sables fins et extrafins, l'humidité détermine un accroissement de densité, non seulement parce que l'eau remplit les vides, mais surtout parce qu'elle provoque, par tassement, un rapprochement des particules. Le tassement a pour effet de relever l'angle de frottement.

Si le sable est abondamment mouillé, ou plongé

sous une nappe d'eau, la densité est encore accrue, mais en ce cas l'angle de frottement s'abaisse, et finit par tomber au-dessous de la valeur initiale correspondant au terrain complètement sec.

Cette réduction de φ est d'autant plus marquée que le grain est plus petit : certains sables extra fins se transforment même en une pâte fluente, analogue à l'argile délayée dont il sera parlé ci-après, et leur angle de frottement tombe jusqu'à 15° et au-dessous. Ce sont les sables *boulants*.

Quand on humecte un bloc de nature terreuse (terre franche, argile plastique), son volume augmente, bien que sa densité devienne plus grande. Ce gonflement par hydratation est surtout mis en relief par le phénomène inverse de contraction, qui se manifeste quand le bloc précédemment mouillé redevient sec. Si la réduction de volume est contrariée par certaines circonstances, par exemple la conservation de l'humidité dans la partie centrale, il se produit à la surface des craquelures et des fractures, qui, dans les couches de terrains, se transforment souvent, après un été sec prolongé, en des crevasses larges et profondes.

Quand on arrose un remblai formé de débris terreux, mottes et poussière, le gonflement de la matière est masqué par la suppression des vides et le tassement, dont l'effet est prépondérant ; si bien qu'en définitive le volume apparent se trouve réduit de façon notable. Mais après que le massif est devenu compact, son volume continue à diminuer par l'effet même de la dessiccation, qui fait disparaître le gonflement produit par l'hydratation des particules.

L'humidité, qui peut améliorer la consistance d'un massif pulvérulent en agrégeant ses particules et leur donnant de la cohésion, amollit et ameublit les bancs compacts de nature terreuse, et diminue leur angle de frottement.

Un arrosage très abondant ou une immersion prolongée peuvent délayer complètement la matière terreuse, et la transformer en une boue quasi fluide, dont l'angle de frottement est très petit : 15° et au-dessous. Mais en raison de la grande imperméabilité de cette nature de terrain, le phénomène de délayage est presque toujours superficiel, et ne se manifeste que sur une faible épaisseur de la couche noyée.

Toutefois, si l'eau peut s'introduire jusqu'au cœur d'un remblai, par les crevasses dues à la sécheresse, le massif se trouvera alors divisé en un certain nombre de blocs entièrement enveloppés d'une couche superficielle de boue quasi liquide : ces blocs qui n'ont pas d'adhérence mutuelle, et dont la périphérie n'a qu'un angle de frottement insignifiant, peuvent alors se séparer et s'ébouler.

Pour ce motif, on recommande de ne jamais employer l'argile pure ou glaise dans les remplissages de batardeaux, les levées des canaux, et les barrages en terre des réservoirs.

Pour peu que l'eau pénètre à l'intérieur du massif par des crevasses profondes, il pourra s'ensuivre un effondrement instantané de la levée.

Dans les remblais de chemins de fer, on ne doit faire emploi de glaise qu'à la condition de protéger le noyau formé de cette matière par une enveloppe protectrice en terre sablonneuse, qui ne soit susceptible ni de se fissurer par dessication, ni de se délayer par immersion. Cette enveloppe maintient le noyau d'argile dans un état d'humidité suffisant pour qu'il ne s'y produise pas de crevasses livrant passage à l'eau. D'autre part elle lui sert de couverture et la met à l'abri des eaux pluviales.

Les terrains de la classe intermédiaire ont naturellement une meilleure tenue que ceux de la seconde classe. Le gonflement par hydratation est d'autant plus atténué que la proportion d'argile est moindre, et les fissures de retrait, produites par la sécheresse, sont plus rares et plus étroites, moins profondes et moins étendues. Elles sont en général superficielles, parce qu'elles sont remplies et bouchées par la poussière qui se détache des terres fissurées, en raison de leur faible cohésion.

Il convient d'exécuter de préférence avec des terres sablonneuses, et de préférence des argiles mélangées de sable ou de gravier, le remplissage des batardeaux, les remblais de canaux et de voies ferrées, et les barrages de réservoirs. Pour ces derniers ouvrages, on recherche des terres formées de gros sable agglutiné par un peu d'argile pure, que l'on appelle les terres à *corroi*. Le pilonnage par couches minces les transforme en masses compactes, dures et cohérentes, que l'eau ne peut pénétrer, bien qu'elle amollisse leur surface sur une faible épaisseur, et où la sécheresse estivale ne détermine pas de fissures de retrait, pour peu qu'on ait eu la précaution de masquer les surfaces libres par un léger matelas de terre végétale, argilo-calcaire et sablonneuse, dépourvue de cohésion.

Les sables très fins mélangés d'un peu d'argile pure, qui sont composés de deux éléments susceptibles l'un et l'autre de se transformer par immersion en boue fluente, sont les terrains les plus dangereux à rencontrer dans les travaux de terrassement : quand ils sont noyés par des infiltrations abondantes, ils se transforment parfois en de véritables liquides, dont on ne peut que difficilement arrêter l'écoulement, et qu'il est impossible d'assécher en raison de l'imperméabilité de l'élément argileux et de son affinité pour l'eau.

Dans des cas exceptionnels, l'action de l'eau sur les terrains ne se manifeste pas seulement par l'accroissement de la densité et l'abaissement de l'angle de rupture. Nous avons déjà cité le cas du gypse anhydre, ou anhydrite, dont le gonflement, dû à une combinaison chimique lente avec l'eau d'infiltration, peut déterminer des dislocations de terrains, avec écrasement des voûtes et piédroits des tunnels, renversement des murs, soulèvement des radiers, etc.

On rencontre parfois des terrains partiellement solubles dans l'eau ; la disparition progressive d'une partie de leur substance donne lieu à des tassements plus ou moins importants.

On ne peut guère prévoir l'existence dans les remblais de chlorures, tels que le sel gemme, ou d'azotates. Mais il arrive fréquemment, dans le voisinage des villes, que les remblais constitués avec des produits de décharges publiques renferment une certaine proportion de plâtre provenant de démolitions d'immeubles. Ce plâtre est lentement dissous par les eaux d'infiltration, et provoque des tassements qui ne prennent fin qu'après sa disparition complète. Les bouleversements et effondrements de chaussées, qui se manifestent assez fréquemment dans les rues de Paris, sont dus à cette cause.

Quand la dissolution des morceaux de plâtre a déterminé la production de cavités dans le sous-sol, ces vides offrent un passage facile aux eaux pluviales, qui s'y engouffrent et entraînent la terre avoisinante, si bien que les poches s'élargissent, s'étendent, et déterminent finalement des cavernes volumineuses, qui s'écroulent brusquement sous la charge, à un moment donné ; il en résulte un effondrement de la chaussée, qui se creuse en entonnoir.

Nous avons pu constater que des remblais renfermant du plâtre éprouvaient encore des tassements notables quarante ans après leur exécution.

Il y a donc lieu de proscrire absolument les plâtras et les débris de constructions hourdées en plâtre pour tous les remblais auxquels on veut donner une assiette bien fixe et inébranlable.

Ces déblais de mauvaise qualité ne sont bons qu'à combler les anciennes carrières et les fosses d'emprunt.

	TERRAINS SECS				TERRAINS HUMIDES				TERRAINS MOUILLÉS			
	Poids du mètre cube Δ		Angle du talus naturel φ		Poids du mètre cube Δ		Angle du talus naturel φ		Poids du mètre cube Δ		Angle du talus naturel φ	
	de	à	de	à	de	à	de	à	de	à	de	à
Pierres cassées, cailloux et éboulis	1.300k	1.600k	45°	50°	1.350k	1.650k	40°	45°	1.500k	1.800k	35°	40°
Gravier..........	1.300	1.500	35	45	1.350	1.600	30	40	1.450	1.700	25	35
Sable gros.......	1.300	1.500	30	35	1.400	1.600	30	35	1.500	1.700	25	30
Sable fin.........	1.300	1.500	25	30	1.450	1.600	30	40	1.500	1.700	20	30
Sable extrafin....	1.300	1.500	20	30	1.450	1.600	25	35	1.500	1.800	15	25
Sable fin argileux	1.400	1.600	30	40	1.500	1.700	30	40	1.600	1.800	15	25
Terre végétale...	1.400	1.600	35	45	1.500	1.700	30	40	1.600	1.800	20	30
Argile, Marne....	1.500	1.700	40	50	1.500	1.800	30	40	1.650	1.900	15	30
Terres fortes (argile mélangée de sable, pierrailles, gravier), terre à corroi..........	1.600	1.800	45	55	1.700	1.900	35	45	1.800	2.000	25	35

OBSERVATIONS

On définit souvent le talus naturel des terres par le rapport cotg φ de la base horizontale à la hauteur.

On dit, par exemple, que le talus naturel correspondant à l'angle φ = 30° est réglé à raison de 7 de base pour 4 de hauteur $\left(\text{cotg } 30° = \frac{7}{4}\right)$.

Le tableau ci-dessous indique la correspondance existant entre ces deux définitions du talus naturel, par l'angle φ et par sa cotangente

φ =	cotg φ =	
15°	3,75	
20°	2,75	
25°	2,15	
30°	1,75	
33°20'	1,50	3 de base pour 2 de hauteur
35°	1,40	
40°	1,20	
45°	1,00	
50°	0,85	
55°	0,70	

46. Calcul des murs de soutènement. Terrains immergés. Coefficients de poussée. — Les données du problème à résoudre pour la vérification de la stabilité d'un mur de soutènement sont :

1° L'angle de frottement φ du terrain et le poids du mètre cube Δ.

2° L'angle d'inclinaison i sur l'horizontale de sa surface libre, supposée plane.

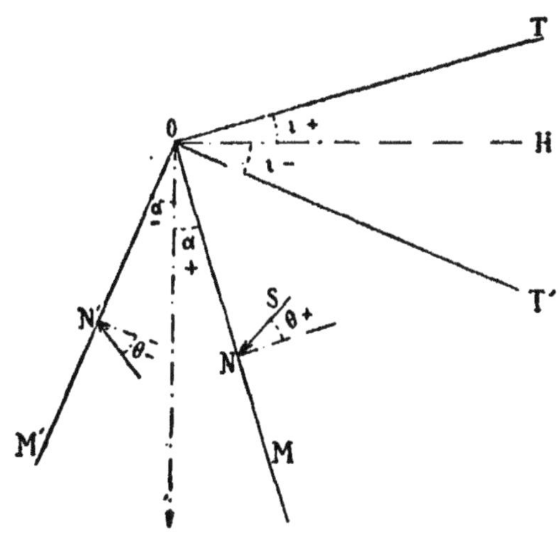

Figure 127.

Si la surface libre va en s'élevant à partir de la crête O du mur (droite OT), l'angle i est positif; si la surface libre va en s'abaissant à partir de la crête du mur (droite OT'), l'angle i est négatif.

En tête de chaque colonne du tableau suivant, on trouvera, pour toutes les valeurs de l'angle φ variant de cinq en cinq degrés depuis 20° jusqu'à 45°, et pour toutes les valeurs de l'inclinaison i variant de cinq en cinq degrés depuis $-\varphi$ jusqu'à $+\varphi$;
la valeur numérique de la fonction :

$$f(i) = \frac{\cos i - \sqrt{\cos^2 i - \cos^2 \varphi}}{\cos i + \sqrt{\cos^2 i - \cos^2 \varphi}},$$

et des angles de rupture β et γ relatifs aux deux données i et φ.

3° L'angle α que fait le plan du mur, opposé aux terres, avec la verticale. Cet angle est positif (droite OM) si le parement intérieur du mur présente du fruit ; il est négatif (droite OM') si ce parement est en surplomb, le plan vertical qui passe par la crête du mur ne rencontrant que le terrain ;

4° La hauteur h du mur, distance verticale entre sa crète et l'arète inférieure du parement opposé aux terres.

La résolution du problème comporte la détermination : 1° de l'angle θ que fait avec la normale au plan du mur la réaction S exercée sur lui par le terrain, réaction qui rencontre ce plan aux deux tiers de la hauteur h à partir de la crête. L'angle θ est positif si la composante tangentielle de la réaction suivant le plan du mur est dirigée de O vers M (droite S), et négative dans le cas opposé (droite S') ;

2° De la poussée, ou composante horizontale de la réaction S, qui est liée à cette réaction par la formule : $Q = S \cos(\alpha + \theta)$.

Il peut se présenter trois cas :

I. L'angle α est positif et plus grand que l'angle de rupture β, si l'inclinaison i est positive, ou que l'angle de rupture γ, si l'inclinaison i est négative.

La limite supérieure de α est $\frac{\pi}{2} + i$.

La poussée Q est, en ce cas fournie par la relation :

$$Q = A \Delta \frac{h^2}{2} = \frac{\Delta h^2}{2} \frac{\cos^2(\alpha - i)}{\cos^2 \alpha} f(i).$$

Le tableau suivant fournit d'ailleurs les valeurs du coefficient de poussée A pour les cas usuels d'inclinaison α du plan du mur. Si l'angle α avait une valeur qui ne figurât pas dans ce tableau, il serait toujours aisé de calculer la poussée Q par la formule précédente, en se servant de la valeur numérique de $f(i)$, inscrite en tête de la colonne du tableau correspondant aux données i et φ.

L'angle θ se déterminera par l'une des deux relations suivantes :

$$\text{si} \quad i > o, \operatorname{tg} \theta = \frac{\sin \alpha \sin (2\alpha - \beta + \gamma)}{1 - \sin \varphi \cos (2\alpha + \beta - \gamma)} ;$$

$$\text{si} \quad i < o, \operatorname{tg} \theta = \frac{\sin \varphi \sin (2\alpha + \beta - \gamma)}{1 - \sin \varphi \cos (2\alpha + \beta - \gamma)} .$$

II. L'angle α est positif et compris entre zéro et l'angle de rupture β, si i est positif, ou l'angle de rupture γ, si i est négatif.

Le coefficient de poussée $A = \frac{2Q}{\Delta h^2}$ est alors directement fourni par le tableau pour toutes les valeurs possibles de α, variant de cinq en cinq degrés, depuis zéro jusqu'à $+\beta$ ou $+\gamma$.

L'angle θ est toujours égal à $+\varphi$.

III. L'angle α est négatif.

L'angle θ, indépendant de l'inclinaison i de la surface libre, est fourni par la relation :

$$\operatorname{tg} \theta = \frac{\sin \varphi \cos (2\alpha - \varphi)}{1 + \sin \varphi \cos (2\alpha - \varphi)} .$$

Nous avons porté sur ce tableau les valeurs du coefficient de poussée $A = \frac{2Q}{\Delta h^2}$ pour les angles α compris entre 0° et — 25°. Nous n'avons pas jugé utile, au point de vue pratique, de fournir les mêmes renseignements pour les valeurs de α comprises entre — 25° et la limite extrême $-\frac{\pi}{2}+\varphi$.

Le cas échéant, on obtiendrait une valeur suffisamment exacte de la poussée, pour un angle négatif $-\alpha'$ compris entre — 25° et $-\frac{\pi}{2}+\varphi$, par la formule d'interpolation simple :

$$A_{-\alpha'} = A_{-25°}\frac{\frac{\pi}{2}-\varphi-\alpha'}{\frac{\pi}{2}-\varphi-25}$$

On se rendra aisément compte que l'erreur commise est nécessairement insignifiante.

Mur de soutènement étanche adossé à un terrain noyé. — Les renseignements numériques, densité et angle du talus naturel, que nous avons insérés dans l'article précédent au sujet des terrains mouillés, ne sont immédiatement utilisables pour le calcul de la poussée, par la méthode exposée ci-dessus, que si l'eau est drainée le long du mur de soutènement, et évacuée à l'extérieur par des caniveaux, des aqueducs ou des barbacanes.

Supposons qu'il en soit autrement, et que l'ouvrage de soutènement, parfaitement étanche et adossé à un terrain noyé par une nappe d'eau, fasse, dans une certaine mesure, office de barrage de réservoir. La pression hydrostatique s'exercera sur le parement intérieur, et la poussée éprouvera de ce chef une augmentation. D'autre part, le poids de la terre immergée subira une réduction de 1.000 kg. par mètre cube.

Le problème ainsi posé est facile à résoudre, avec une exactitude suffisante, quand la surface libre du massif est horizontale, et par conséquent parallèle au plan supérieur de la nappe d'eau.

Nous désignerons par a l'épaisseur de la tranche de terrain située au-dessus de l'eau, et par b celle de la tranche de terrain immergée. La hauteur totale du mur, de sa crête à sa base, est donc $a + b$.

Soient Δ le poids du mètre cube de terrain mouillé, et A le coefficient de poussée correspondant aux données φ et α, l'inclinaison i de la surface libre étant nulle.

Si l'on avait pourvu à l'évacuation de l'eau, la poussée aurait pour valeur $\frac{A\Delta}{2}(a+b)^2$. L'angle θ que fait la réaction du massif avec la normale au plan du mur se calculerait par une des formules énoncées ci-dessus.

Etant donné que le parement intérieur du mur est noyé par la nappe d'eau sur la fraction b de sa hauteur, on décomposera la réaction totale du massif en trois forces, à calculer séparément, savoir :

1° Une force S_1, relative à la tranche supérieure du terrain dont l'épaisseur est a. Cette force, faisant avec la normale au parement l'angle θ calculé ci-dessus, aura pour composante horizontale :

$$Q_1 = \frac{A\Delta}{2} a^2.$$

Elle sera appliquée à la distance verticale $\frac{2}{3} a$ de la crête du mur.

2° Une force S_2, faisant le même angle θ avec la normale au plan du mur, et ayant pour composante horizontale :

$$Q_2 = \frac{A}{2}(\Delta - 1000)\left[\left(\frac{\Delta}{\Delta - 1000}a + b\right)^2 - \left(\frac{\Delta}{\Delta - 1000}a\right)^2\right]$$
$$= \frac{A}{2}[(\Delta - 1000)\,b^2 + 2\Delta ab].$$

La distance verticale u_2 de la crête du mur au point d'application de cette force S_2, sera fournie par la relation :

$$u_2 = \frac{2}{3}\,\frac{\left(\frac{\Delta}{\Delta-1000}a + b\right)^3 - \left(\frac{\Delta}{\Delta-1000}a\right)^3}{\left(\frac{\Delta}{\Delta-1000}a + b\right)^2 - \left(\frac{\Delta}{\Delta-1000}a\right)^2} + a - \frac{\Delta}{\Delta-1000}a$$
$$= a + \frac{2}{3}b - \frac{\Delta ab}{6\Delta a + 3(\Delta - 1000)b}.$$

3° Une force S_3, correspondant à la pression hydrostatique, qui sera dirigée suivant la normale au plan du mur ($\theta = o$), et aura pour composante horizontale :

$$Q_3 = \frac{1000\,b^2}{2}.$$

La distance verticale de la crête du mur au point d'application de cette force sera $a + \frac{2}{3}b$.

Les poussées élémentaires correspondant à ces trois réactions seront :

de o à a : $q_1 = A\Delta y$;

de a à $(a + b)$ $\begin{cases} q_2 = A(\Delta - 1000)(y - a) + A\Delta a; \\ q_3 = 1000\,(y - a). \end{cases}$

On voit que, dans le cas de la surface libre horizontale, la pression hydrostatique de la nappe d'eau, s'exerçant sur la partie inférieure du mur, de hauteur b, donne lieu à un supplément de poussée égal à :

$$Q_1 + Q_2 + Q_3 - A\Delta\frac{(a+b)^2}{2} = \frac{1000\,(1 - A)\,b^2}{2}.$$

Si la surface libre du massif n'est pas horizontale, la résolution du problème semble difficile. Nous estimons qu'on tiendra un compte suffisamment exact de l'influence de la nappe d'eau, en admettant que le mur est soumis à l'action de deux forces : 1° la réaction $S = \frac{A\Delta(a+b)^2}{2\cos(\theta+\alpha)}$ calculée par la méthode habituelle pour le cas de la terre mouillée, et appliquée aux deux tiers de la hauteur totale $a + b$ à partir de la crête ; 2° une force S' normale au parement, appliquée à la distance verticale $a + \frac{2}{3} b$ de la crête, et ayant pour valeur

$$\frac{1000\,(1 - \sqrt{A_o A_i})}{2} b^2.$$

A_o et A_i sont les coefficients de poussée du terrain correspondant aux inclinaisons o du plan d'eau et i de la surface libre.

L'erreur commise, en employant cette règle empirique, ne saurait être importante. Il doit être bien entendu que, pour chaque section située au-dessous du plan d'eau, le calcul de la pression maximum devra être effectué par la règle du trapèze ou la règle du pentagone, et non par la règle du triangle, puisqu'il s'agit d'une maçonnerie noyée, où le travail de compression ne peut tomber au-dessous de la pression hydrostatique.

Coefficients de poussée

	$i = 45°$	$i = 40°$		$i = 35°$			$i = 30°$			
$\varphi =$	45°	45°	40°	45°	40°	35°	45°	40°	35°	30°
$f(z) =$	1	0,44464	1	0,32904	0,48121	1	0,26790	0,36384	0,50998	1
$\beta =$	0	9°48'50"	0	12°53'45"	10°39'15"	0	15°	14°18'10"	12°10'10"	0
$\gamma =$	45°	35°11'10"	50°	32°6'15"	39°20'45"	55°	30°	35°31'50"	42°49'50"	60°
$\alpha =$										
45°	2,000	0,882	1,985	0,638	0,933	1,940	0,500	0,679	0,952	1,866
40°	1,691	0,758	1,708	0,556	0,814	1,691	0,443	0,602	0,844	1,652
35°	1,445	0,657	1,479	0,490	0,717	1,490	0,396	0,538	0,754	1,479
30°	1,244	0,575	1,293	0,435	0,637	1,323	0,357	0,485	0,680	1,333
25°	1,075	0,505	1,136	0,389	0,568	1,181	0,324	0,439	0,616	1,208
20°	0,930	0,445	1,000	0,348	0,508	1,057	0,294	0,400	0,560	1,098
15°	0,804	0,391	0,880	0,311	0,455	0,946	0,268	0,364	0,510	1,000
10°	0,692	0,344	0,773	0,278	0,408	0,847	0,241	0,329	0,462	0,911
5°	0,591	0,300	0,676	0,246	0,362	0,756	0,215	0,296	0,416	0,828
0°	0,500	0,259	0,587	0,215	0,320	0,671	0,190	0,264	0,374	0,750
— 5°	0,416	0,221	0,504	0,186	0,280	0,591	0,166	0,233	0,335	0,676
— 10°	0,339	0,185	0,426	0,159	0,240	0,516	0,143	0,203	0,297	0,605
— 15°	0,268	0,152	0,353	0,133	0,201	0,443	0,120	0,174	0,261	0,536
— 20°	0,202	0,120	0,283	0,108	0,166	0,373	0,098	0,146	0,226	0,468
— 25°	0,142	0,091	0,217	0,084	0,133	0,304	0,077	0,119	0,192	0,400

Coefficients de poussée

	i = 25°					i = 20°					
φ =	45°	40°	35°	30°	25°	45°	40°	35°	30°	25°	20°
f (i) =	0,23068	0,30407	0,40067	0,54277	1	0,20583	0,26649	0,34228	0,44080	0,58206	1
δ =	16°38'55"	16°49'50"	16°16'10"	13°39'5"	0	18°2'10"	18°50'35"	19°11'50"	18°25'10"	15°29'15"	0
γ =	28°21'5"	33°10'10"	38°43'50"	46°20'55"	65°	26°57'50"	31°9'25"	35°48'10"	41°34'50"	49°30'45"	70°
α =											
45°	0,408	0,539	0,707	0,958	1,766	0,338	0,438	0,562	0,724	0,936	1,613
40°	0,367	0,483	0,637	0 863	1,590	0,309	0,401	0,515	0,663	0,876	1,505
35°	0,333	0,439	0,579	0,785	1,445	0,286	0,368	0,476	0,613	0,809	1,390
30°	0,305	0,402	0,530	0,718	1,323	0,266	0,345	0,443	0,570	0,753	1,293
25°	0,281	0,370	0,488	0,661	1,217	0,249	0,322	0,414	0,533	0,703	1,208
20°	0,259	0,342	0,450	0,610	1,124	0,233	0,302	0,388	0,499	0,659	1,132
15°	0,238	0,314	0,414	0,564	1,039	0,216	0,280	0,359	0,464	0,618	1,064
10°	0,216	0,287	0,379	0,519	0,962	0,198	0,258	0,332	0,431	0,578	1,000
5°	0,195	0,261	0,345	0,476	0,890	0,180	0,236	0,305	0,398	0,540	0,940
0°	0,174	0,234	0,312	0,435	0,821	0,163	0,214	0,278	0,366	0,503	0,883
− 5°	0,154	0,208	0,281	0,396	0,756	0,145	0,132	0,252	0,334	0,466	0,828
− 10°	0,133	0,182	0,251	0,359	0,692	0,126	0.170	0,226	0,303	0,429	0,773
− 15°	0,113	0,156	0,221	0,322	0,629	0.108	0,148	0,200	0,273	0,393	0,719
− 20°	0,093	0,131	0,192	0,285	0,566	0,090	0,125	0,174	0,243	0,356	0,665
− 25°	0,074	0,108	0,163	0,248	0,503	0,071	0,103	0,149	0,214	0,319	0,609

Coefficients de poussée

	$i = 15°$						$i = 10°$					
$\varphi =$	45°	40°	35°	30°	25°	20°	45°	40°	35°	30°	25°	20°
$f(i) =$	0,19003	0,24290	0,30726	0,38610	0,48602	0,62408	0,17923	0,22817	0,28610	0,35491	0,41378	0,53939
$\beta =$	19°15'55"	20°34'10"	21°35'20"	21°54'45"	21°7'5"	17°54'40"	20°23'50"	22°7'35"	23°41'20"	24°50'20"	25°22'10"	24°44'40"
$\gamma =$	25°44'5"	29°25'50"	33°24'40"	38°5'15"	43°52'55"	52°5'20"	24°36'10"	27°52'25"	31°18'40"	35°9'40"	39°37'30"	45°15'20"
$\alpha =$												
45°	0,284	0,364	0,461	0,579	0,729	0,936	0,241	0,306	0,384	0,476	0,587	0,724
40°	0,265	0,340	0,430	0,540	0,680	0,874	0,229	0,291	0,366	0,454	0,559	0,689
35°	0,249	0,320	0,404	0,508	0,640	0,821	0,219	0,279	0,350	0,434	0,536	0,660
30°	0,236	0,302	0,382	0,480	0,605	0,776	0,211	0,269	0,337	0,418	0,515	0,635
25°	0,224	0,287	0,363	0,456	0,574	0,737	0,203	0,259	0,325	0,403	0,495	0,613
20°	0,213	0,272	0,343	0,431	0,543	0,701	0,196	0,248	0,312	0,386	0,474	0,588
15°	0,200	0,255	0,321	0,406	0,513	0,665	0,185	0,235	0,294	0,367	0,452	0,562
10°	0,185	0,237	0,299	0,381	0,483	0,630	0,173	0,219	0,274	0,345	0,429	0,536
5°	0,169	0,218	0,276	0,355	0,453	0,595	0,159	0,202	0,254	0,323	0,406	0,509
0°	0,154	0,198	0,253	0,329	0,424	0,560	0,145	0,185	0,234	0,301	0,382	0,482
— 5°	0,137	0,179	0,231	0,303	0,395	0,524	0,130	0,168	0,214	0,279	0,357	0,455
— 10°	0,121	0,159	0,208	0,277	0,366	0,488	0,115	0,150	0,193	0,256	0,331	0,426
— 15°	0,104	0,139	0,185	0,251	0,337	0,452	0,099	0,132	0,173	0,233	0,305	0,396
— 20°	0,086	0,119	0,162	0,225	0,307	0,415	0,082	0,113	0,152	0,209	0,278	0,364
— 25°	0,068	0,099	0,138	0,198	0,277	0,377	0,065	0,094	0,130	0,184	0,250	0,330

Coefficients de poussée

	$i = 5°$						$i = 0°$					
$\varphi =$	45°	40°	35°	30°	25°	20°	45°	40°	35°	30°	25°	20°
$f(i) =$	0,17339	0,22005	0,27462	0,33849	0,41378	0,50152	0,17158	0,21744	0,27099	0,33333	0,40587	0,49029
$\rho =$	21°27'55"	23°35'5"	25°37'50"	27°28'50"	29°3'	30°7'5"	22°30'	25°	27°30'	30°	32°30	35°
$\gamma =$	23°32'5"	26°24'55"	29°22'10"	32°31'10"	35°57'	39°52'55"	22°30'	25°	27°30'	30°	32°30'	35°
$z =$												
45°	0,202	0,258	0,322	0,397	0,486	0,589	0,172	0,217	0,271	0,333	0,406	0,490
40°	0,198	0,251	0,314	0,387	0,473	0,573	0,172	0,217	0,271	0,333	0,406	0,490
35°	0,194	0,246	0,307	0,378	0,463	0,561	0,172	0,217	0,271	0,333	0,406	0,490
30°	0,190	0,241	0,301	0,371	0,453	0,549	0,172	0,217	0,271	0,333	0,404	0,487
25°	0,186	0,237	0,294	0,361	0,441	0,533	0,172	0,217	0,269	0,330	0,396	0,479
20°	0,181	0,230	0,285	0,348	0,426	0,516	0,170	0,215	0,262	0,320	0,385	0,467
15°	0,173	0,219	0,270	0,331	0,408	0,498	0,163	0,203	0,251	0,307	0,372	0,454
10°	0,163	0,205	0,253	0,312	0,389	0,479	0,154	0,192	0,237	0,292	0,357	0,440
5°	0,150	0,189	0,236	0,296	0,369	0,460	0,142	0,179	0,222	0,276	0,341	0,424
0°	0,137	0,174	0,219	0,277	0,349	0,440	0,130	0,164	0,206	0,259	0,324	0,407
— 5°	0,124	0,159	0,201	0,258	0,328	0,416	0,118	0,150	0,189	0,241	0,302	0,386
— 10°	0,110	0,142	0,183	0,237	0,305	0,390	0,105	0,135	0,172	0,222	0,283	0,363
— 15°	0,095	0,125	0,163	0,216	0,280	0,362	0,091	0,120	0,154	0,202	0,260	0,337
— 20°	0,080	0,108	0,143	0,193	0,255	0,333	0,076	0,103	0,135	0,181	0,236	0,309
— 25°	0,063	0,090	0,123	0,170	0,229	0,300	0,060	0,086	0,116	0,159	0,212	0,280

Coefficients de poussée

	$i = -5°$						$i = -10°$					
$\varphi =$	45°	40°	35°	30°	25°	20°	45°	40°	35°	30°	25°	20°
$f(i) =$	0,17339	0,22005	0,27462	0,33849	0,41378	0,50152	0,17923	0,22817	0,28610	0,35491	0,41378	0,53939
$\gamma =$	23°32'5"	26°24'55"	29°22'10"	32°31'10"	30°57'	39°52'55"	24°36'10"	27°52'25"	31°18'40"	35°9'40"	39°37'30"	45°15'20"
$\beta =$	21°27'55"	23°35'5"	25°37'50"	27°28'50"	20°3'	30°7'5"	20°23'50"	22°7'35"	23°41'20"	24°50'20"	25°22'10"	24°44'40"
$\alpha =$												
50°	0,138	0,175	0,219	0,270	0,329	0,399	0,109	0,138	0,173	0,215	0,265	0,326
45°	0,144	0,182	0,227	0,280	0,342	0,414	0,118	0,150	0,188	0,233	0,288	0,354
40°	0,148	0,187	0,234	0,288	0,353	0,427	0,126	0,160	0,201	0,250	0,308	0,370
35°	0,152	0,192	0,240	0,296	0,362	0,437	0,133	0,170	0,213	0,264	0,316	0,382
30°	0,155	0,197	0,246	0,301	0,363	0,440	0,140	0,179	0,222	0,268	0,321	0,390
25°	0,159	0,199	0,247	0,300	0,361	0,438	0,147	0,183	0,224	0,272	0,325	0,396
20°	0,159	0,197	0,244	0,293	0,355	0,432	0,147	0,182	0,223	0,272	0,325	0,398
15°	0,153	0,190	0,237	0,283	0,345	0,423	0,143	0,176	0,216	0,264	0,318	0,389
10°	0,144	0,179	0,223	0,271	0,338	0,410	0,134	0,167	0,206	0,253	0,307	0,378
5°	0,134	0,167	0,209	0,257	0,317	0,395	0,126	0,156	0,194	0,240	0,294	0,364
0°	0,123	0,154	0,194	0,242	0,301	0,377	0,116	0,145	0,182	0,226	0,279	0,348
− 5°	0,112	0,142	0,179	0,226	0,283	0,357	0,106	0,134	0,168	0,211	0,263	0,331
− 10°	0,100	0,128	0,153	0,209	0,264	0,336	0,095	0,122	0,154	0,195	0,245	0,313
− 15°	0,087	0,114	0,146	0,192	0,245	0,313	0,083	0,109	0,139	0,179	0,227	0,293
− 20°	0,073	0,099	0,129	0,171	0,222	0,289	0,070	0,094	0,123	0,161	0,208	0,271
− 25°	0,058	0,082	0,111	0,150	0,198	0,263	0,055	0,078	0,106	0,142	0,186	0,247

Coefficients de poussée

	$i = -15°$						$i = -20°$					
$\varphi =$	45°	40°	35°	30°	25°	20°	45°	40°	35°	30°	25°	20°
$f(i) =$	0,19003	0,24290	0,30726	0,38610	0,48602	0,62408	0,20583	0,26649	0,34228	0,44080	0,58206	1
$\gamma =$	23°44'3"	29°25'50"	33°24'40"	38°5'15"	43°32'55"	52°5'20"	26°57'50"	31°9'25"	35°48'10"	41°34'50"	49°30'45"	70°
$\beta =$	19°15'55"	20°34'10"	21°35'20"	21°54'45"	21°7'5"	17°54'40"	18°2'10"	18°50'35"	19°11'50"	18°25'10"	15°29'15"	0
$\alpha =$												
60°	0,051	0,065	0,082	0,103	0,130	0,167	0,025	0,032	0,041	0,053	0,070	0,090
55°	0,067	0,086	0,109	0,137	0,173	0,222	0,042	0,054	0,070	0,090	0,118	0,138
50°	0,082	0,105	0,133	0,167	0,210	0,265	0,058	0,075	0,097	0,125	0,165	0,178
45°	0,095	0,121	0,154	0,193	0,243	0,302	0,075	0,095	0,122	0,158	0,198	0,210
40°	0,106	0,136	0,172	0,216	0,267	0,326	0,088	0,114	0,146	0,182	0,221	0,238
35°	0,117	0,149	0,189	0,230	0,283	0,342	0,101	0,131	0,166	0,201	0,240	0,263
30°	0,126	0,162	0,202	0,242	0,295	0,354	0,113	0,146	0,179	0,214	0,250	0,283
25°	0,134	0,168	0,207	0,247	0,299	0,360	0,125	0,154	0,184	0,229	0,270	0,298
20°	0,136	0,171	0,210	0,250	0,302	0,363	0,128	0,156	0,187	0,225	0,267	0,309
15°	0,133	0,167	0,206	0,247	0,290	0,361	0,126	0,153	0,185	0,221	0,264	0,311
10°	0,127	0,157	0,194	0,235	0,287	0,349	0,121	0,147	0,180	0,217	0,261	0,310
5°	0,119	0,147	0,183	0,224	0,275	0,336	0,113	0,138	0,170	0,206	0,250	0,306
0°	0,110	0,136	0,171	0,210	0,260	0,321	0,104	0,129	0,160	0,195	0,240	0,296
− 5°	0,100	0,125	0,158	0,196	0,244	0,304	0,095	0,118	0,148	0,182	0,226	0,284
− 10°	0,090	0,114	0,145	0,182	0,228	0,287	0,086	0,098	0,136	0,169	0,211	0,270
− 15°	0,079	0,092	0,130	0,166	0,211	0,270	0,075	0,096	0,123	0,155	0,195	0,254
− 20°	0,067	0,089	0,116	0,151	0,193	0,251	0,063	0,083	0,110	0,141	0,179	0,236
− 25°	0,053	0,074	0,101	0,134	0,174	0,231	0,051	0,070	0,096	0,127	0,163	0,215

Coefficients de poussée

	$i = -25°$					$i = -30°$			
$\varphi =$	45°	40°	35°	30°	25°	45°	40°	35°	30°
$f(i) =$	0,23068	0,30407	0,40067	0,54277	1	0,26790	0,36384	0,50998	1
$\gamma =$	28°21'5"	33°10'10"	38°43'50"	46°20'55"	65°	30°	35°31'50"	42°49'50"	60°
$\beta =$	16°38'35"	16°49'50"	16°16'10'	13°39'5"	0	15°	14°18'10"	12°10'10"	0
$\alpha =$									
50°	»	»	»	0,088	0,106	»	»	»	0,056
45°	0,054	0,071	0,094	0,122	0,140	0 037	0,050	0,070	0,089
40°	0,070	0,093	0,122	0,150	0,171	0,053	0,072	0,099	0,120
35°	0,086	0,113	0,145	0,178	0,200	0,071	0,096	0,121	0,144
30°	0,101	0,130	0,160	0,196	0,218	0,089	0,113	0,138	0,161
25°	0,114	0,140	0,168	0,202	0,230	0,104	0,125	0,149	0,172
20°	0,119	0,143	0,171	0,204	0,237	0,108	0,129	0,154	0,178
15°	0,118	0,142	0,170	0,204	0,238	0,110	0,131	0,157	0,182
10°	0,114	0,138	0,166	0,200	0,236	0,107	0,128	0,153	0,181
5°	0,107	0,130	0,160	0,194	0,231	0,101	0,123	0,149	0,176
0°	0,098	0,120	0,150	0,183	0,233	0,093	0,114	0,141	0,169
— 5°	0,090	0,111	0,139	0,171	0,210	0,086	0,105	0,131	0,159
— 10°	0,081	0,101	0,128	0,159	0,197	0,077	0,095	0,121	0,148
— 15°	0,072	0,090	0,116	0,146	0,183	0,068	0,086	0,110	0,137
— 20°	0,061	0,079	0,104	0,133	0,168	0,058	0,076	0,099	0,126
— 25°	0,049	0,067	0,091	0,120	0,153	0,047	0,064	0,086	0,113

Coefficients de poussée

	$i =$ — 35°			$i =$ — 40°		i — = 45°
$\varphi =$	45°	40°	35°	45°	40°	45°
$f(i) =$	0,32904	0,48121	1	0,44464	1	1
$\gamma =$	32°6'15"	39°20'45"	55°	35°11'10"	50°	45°
$\beta =$	12°53'45"	10°39'15"	0	9°48'50"	0	0
$\alpha =$						
50°	»	»	0,018	»	0	
45°	0,020	0,030	0,045	0,007	0,015	0
40°	0,037	0,055	0,073	0,023	0,037	0,012
35°	0,057	0,080	0,101	0,043	0,060	0,034
30°	0,076	0,099	0,122	0,061	0,078	0,053
25°	0,090	0,112	0,136	0,077	0,094	0,069
20°	0,097	0,118	0,144	0,087	0,104	0,080
15°	0,101	0,120	0,147	0,090	0,109	0,084
10°	0,100	0,119	0,145	0,091	0,111	0,086
5°	0,095	0,114	0,140	0,088	0,106	0,084
0°	0,088	0,107	0,132	0,083	0,101	0,079
— 5°	0,082	0,100	0,123	0,077	0,094	0,073
— 10°	0,074	0,092	0,114	0,069	0,086	0,066
— 15°	0,065	0,083	0,104	0,061	0,078	0,058
— 20°	0,055	0,072	0,093	0,052	0,068	0,050
— 25°	0,045	0,061	0,081	0,043	0,058	0,041

47. Butée des terres. Coefficients de butée. — La résistance d'un massif de butée à une pression qui s'exerce sur un plan vertical, peut être calculée comme il suit.

La force appliquée aux deux tiers de la hauteur z du plan d'appui à partir de la surface libre, sera supposée faire avec la normale au plan, qui est ici horizontale, l'angle $\frac{i-\varphi}{2}$.

Sa projection horizontale, ou butée, sera fournie par la relation :

$$Q' = B\,\frac{\Delta z^2}{2} = \frac{\Delta z^2}{2}\,(\cos^2 i + \mathrm{tg}^2\varphi\left(\frac{A i}{A-\varphi} - \frac{A-\varphi}{A i}\right).$$

Les valeurs numériques du coefficient de butée B, correspondant aux angles φ variant de cinq en cinq degrés depuis 20° jusqu'à 45°, et aux angles i variant de cinq en cinq degrés depuis $-\varphi$ jusqu'à $+\varphi$, ont été inscrites dans le tableau suivant.

Ces renseignements n'offrent aucune garantie d'exactitude mathématique.

A défaut d'une équation rationnelle, déduite de calculs rigoureux, on a dû recourir à une formule empirique, dont le seul mérite est d'être simple, et de fournir des indications plausibles, qui ne semblent pas s'écarter notablement de la vérité.

Le cas où la pression s'exerce sur un plan d'appui oblique ou sur une surface d'appui quelconque, peut être ramené au précédent, au moyen d'une construction empirique indiquée à l'article 43.

Coefficients de butée

φ =	45°	40°	35°	30°	25°	20°	φ =	45°	40°	35°	30°	25°	20°
i =							i =						
45°	6,67						0°	2,04	1,71	1,45	1,29	1,17	1,08
40°	3,56	4,56					— 5°	1,91	1,60	1,38	1,24	1,12	1,06
35°	3,03	2,68	3,07				— 10°	1,75	1,49	1,29	1,17	1,07	1,02
30°	2,74	2,32	1,97	2,45			— 15°	1,59	1,36	1,19	1,08	1,00	0,96
25°	2,57	2,15	1,78	1,55	1,56		— 20°	1,44	1,22	1,07	0,98	0,92	0,88
20°	2,46	2,04	1,68	1,45	1,28	1,23	— 25°	1,26	1,06	0,95	0,87	0,82	
15°	2,37	1,95	1,62	1,41	1,23	1,12	— 30°	1,08	0,92	0,82	0,75		
10°	2,26	1,88	1,56	1,38	1,21	1,10	— 35°	0,89	0,75	0,67			
5°	2,15	1,80	1,51	1,34	1,19	1,09	— 40°	0,69	0,59				
0°	2,04	1,71	1,45	1,29	1,17	1,08	— 45°	0,50					

48. — Applications numériques de la méthode de calcul des murs de soutènement. — Il nous a paru utile de préciser et de confirmer les conclusions et les règles énoncées dans le précédent chapitre, en faisant quelques applications numériques de notre méthode et de nos tables.

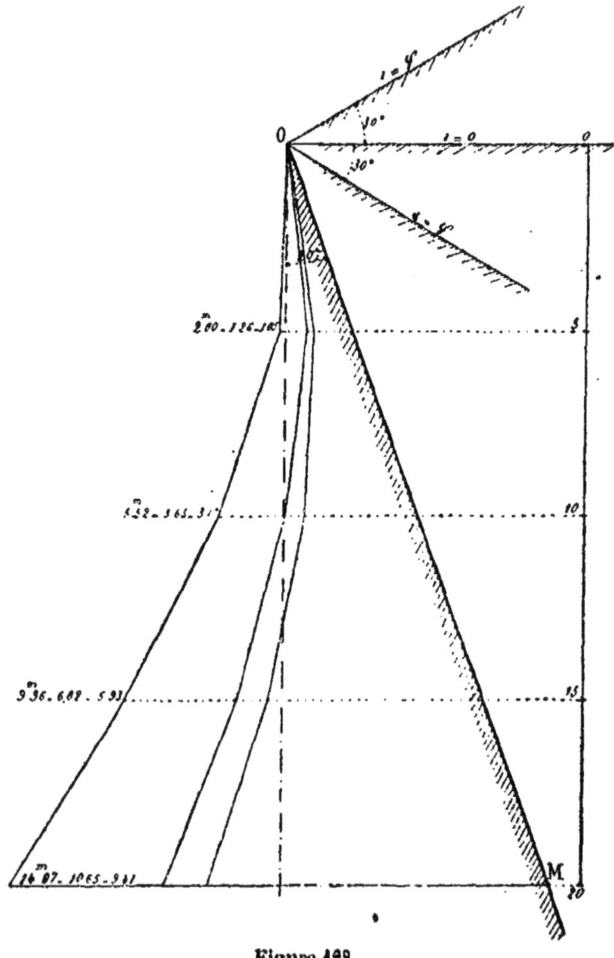

Figure 128.

1. *Murs à parements intérieurs rectilignes.* — Le terrain étant défini par les données spécifiques :

$\Delta = 1.500$ kg. et $\varphi = 30^\circ$, nous avons envisagé successivement les trois cas où l'angle d'inclinaison i de la surface libre serait égal à $+\varphi$, à zéro et à $-\varphi$.

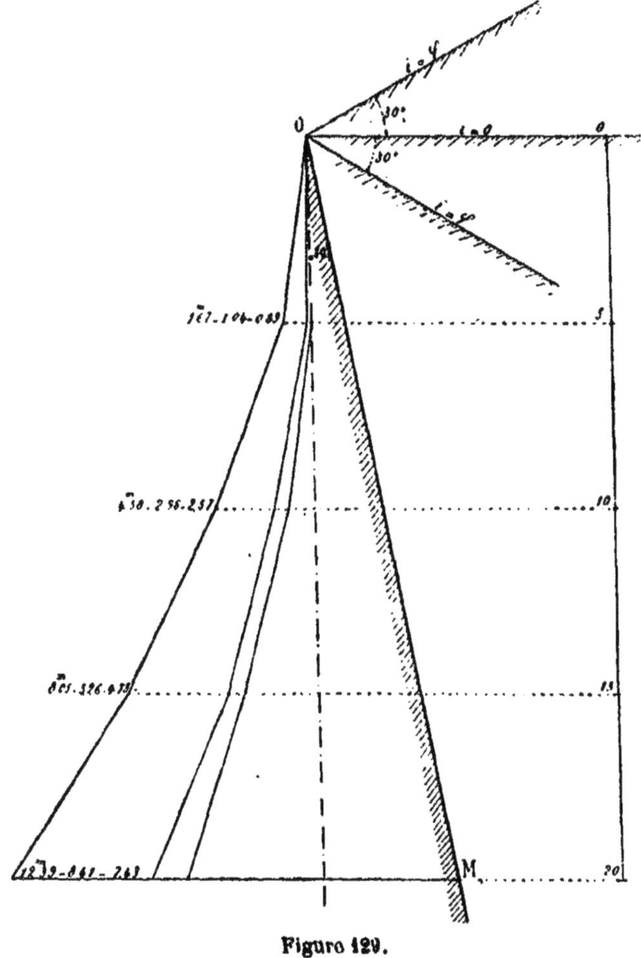

Figure 129.

Nous avons évalué dans ces conditions les épaisseurs à attribuer à un mur de soutènement de 20 m. de hauteur, ayant un parement intérieur rectiligne, et un parement extérieur polygonal, dont les sommets sont placés verticalement à 5 m., 10 m., 15 et 20 m. au-dessous de la crête. Nous avons attribué à l'angle α du parement intérieur du mur et de la verticale les va-

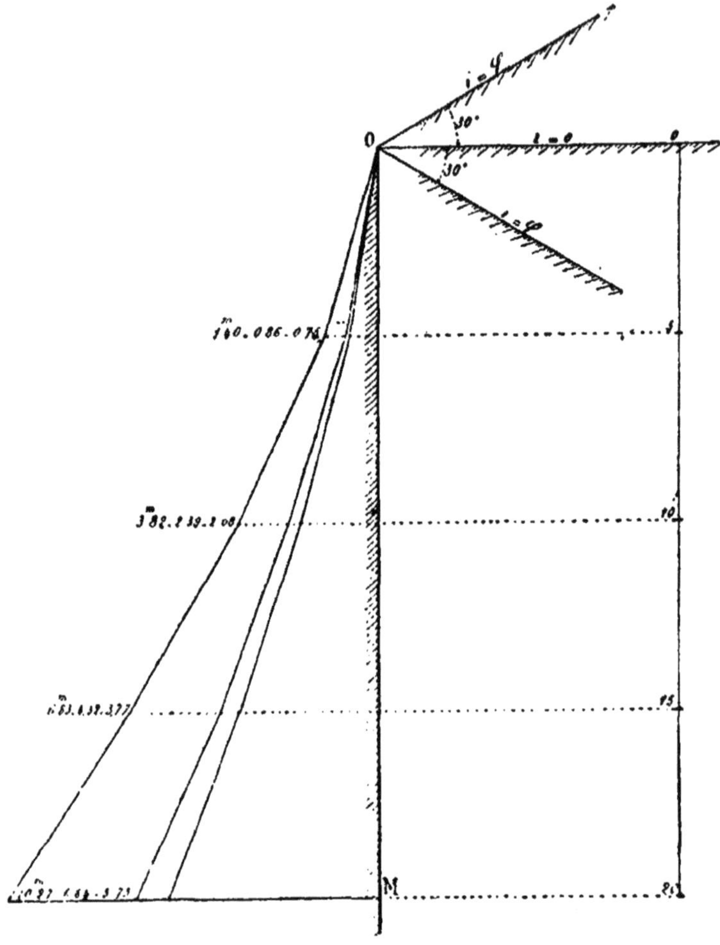

Figure 130.

leurs successives : + 20°, + 10°, 0°, — 10° et — 20°. Le poids du mètre cube de maçonnerie étant fixé à 2.400 kg., on a pris pour condition de résistance que le travail de compression, en chaque sommet du polygone de parement extérieur, serait de 6 kg. par centimètre carré.

Toutefois il convient de signaler que, pour abréger

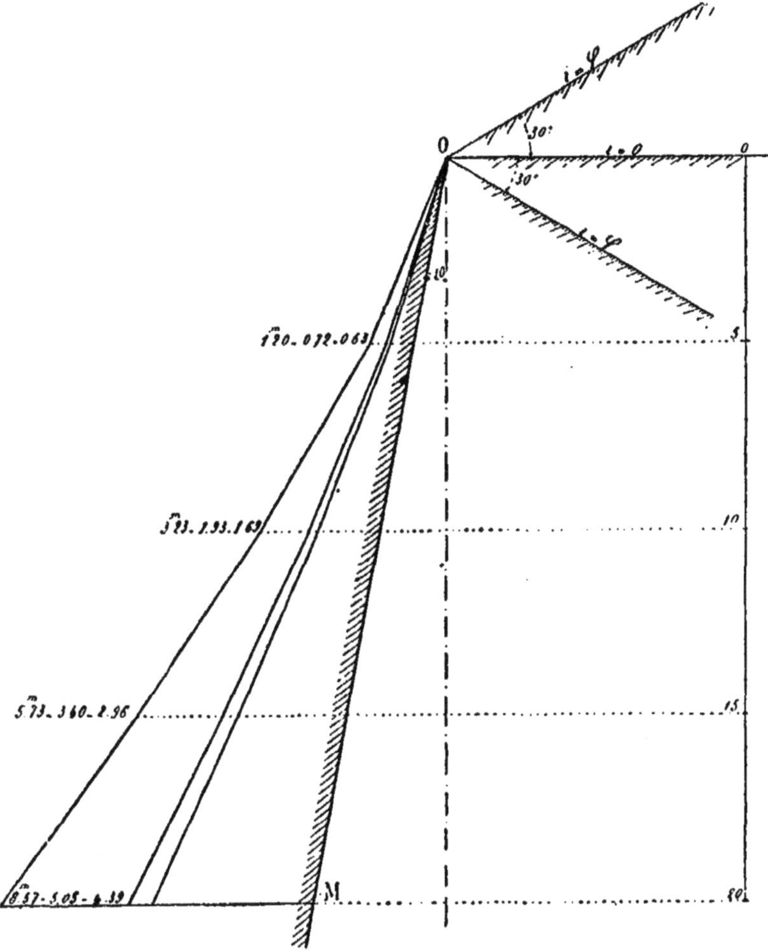

Figure 181.

les opérations numériques, il a été fait usage, pour le calcul du travail, de la formule générale de flexion des pièces prismatiques (règle du trapèze), sans tenir compte de l'inaptitude de la maçonnerie à résister aux efforts de traction. Il en résulte que pour un certain nombre de sections de ces murs, la stabilité n'est assurée, dans la limite de résistance à la com-

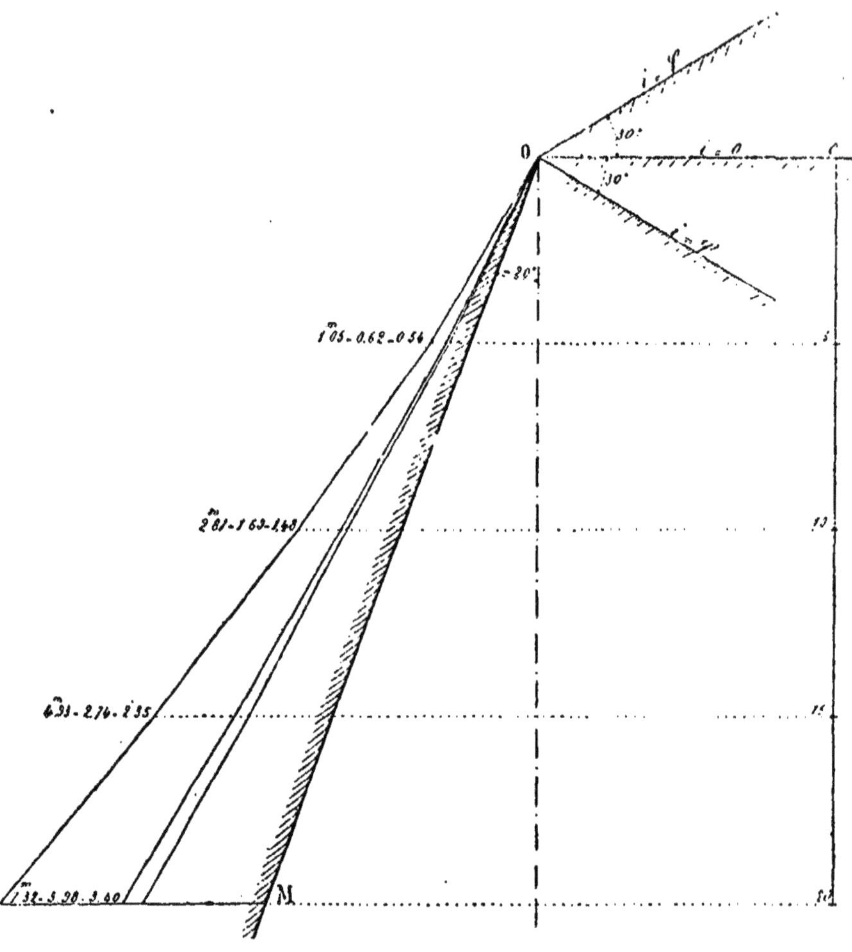

Figure 132.

pression indiquée ci-dessus, qu'en admettant que le parement intérieur soit susceptible de subir sans fissuration un travail d'extension notable. Les épaisseurs trouvées sont par conséquent trop faibles, notamment dans le voisinage du sommet. Mais comme l'erreur par défaut va en diminuant quand l'angle α varie de $+20^{\circ}$ à -20°, les conclusions tirées de ces calculs sommaires sont *a fortiori* justifiées, parce que nous nous sommes uniquement proposé de faire ressortir l'économie dans le cube de la maçonnerie qui peut être réalisée par la substitution d'un parement intérieur. en surplomb ($\alpha < o$) au parement avec fruit ($\alpha > o$), qui est le plus généralement en usage.

Les épaisseurs trouvées n'ayant de valeur qu'au point de vue de la comparaison des différents types de mur, nous résumerons ci-dessous les résultats de nos calculs, pour la section de base, en représentant par 100 l'épaisseur correspondant du cas le plus défavorable ($i = 30^{\circ}$; $\alpha = +20^{\circ}$), qui est de 14 m. 97 sur la figure 128.

Valeurs de α	$i = +30^{\circ}$		$i = 0^{\circ}$		$i = -30^{\circ}$	
	Epaisseur à la base	Fruit du parement extérieur	Epaisseur à la base	Fruit du parement extérieur	Epaisseur à la base	Fruit du parement extérieur
$+20$	100	51	71	22	63	14
$+10^{\circ}$	83	59	56	32	50	26
0°	69	69	44	44	38	38
-10°	57	81	34	58	29	53
-20°	49	98	27	76	23	72

Comme dans les murs de tranchée l'inclinaison en surplomb du parement intérieur est limitée par la convenance de ne pas attribuer au parement extérieur un fruit trop considérable, nous avons également porté sur ce tableau les fruits totaux du parement extérieur, c'est-à-dire les distances horizontales de l'arête inférieure à la crète, en leur appliquant la même échelle (100 pour 14 m. 97) qu'aux épaisseurs à la base.

On voit qu'une économie très importante peut être réalisée dans le cube de la maçonnerie, s'il est possible d'exécuter le parement extérieur en surplomb, quand on a la faculté de mettre le pied du mur en saillie sur la verticale de la crête.

Le mur serait réduit à un simple perré de faible épaisseur, n'ayant à subir aucune poussée, si l'on attribuait à l'angle α l'inclinaison $-\frac{\pi}{2}+\varphi$ ou $-60°$, correspondant au talus naturel du terrain. En ce cas la saillie de l'arête inférieur du talus, en avant de la verticale, serait h cotg φ ou 34 m. 64, soit à l'échelle du tableau numérique : 231.

II. — *Mur de soutènement à parement extérieur vertical.* — Données : $\varphi = 30°$; $i = o$; $h = 20$; $D = 2.400$; $\Delta = 1.500$. Le mur a été divisé en cinq tranches de 4 m. de hauteur pour lesquelles l'angle α du parement intérieur a été pris successivement égal à : $+10°$, $+20°$, $+30°$, $+40°$ et $+50°$. Les réactions partielles exercées par le terrain sur chaque élément rectiligne du parement ont été évaluées par la règle de l'article 36. On a calculé exactement le travail de compression sur le parement extérieur, pour les sections horizontales correspondant aux sommets du parement intérieur. Les valeurs obtenues ont été, en kilogrammes par centimètre carré : 1 k. 95, 5 k. 13, 6 k. 05, 6 k. 39, 6 k. 74. L'épaisseur est de un mètre au sommet et de 13 m. 58 à la base ; sa valeur moyenne est 5 m. 29.

Si l'on jugeait que la pression de 6 k. 74 par centimètre carré à la base, sur l'arête de renversement, fût

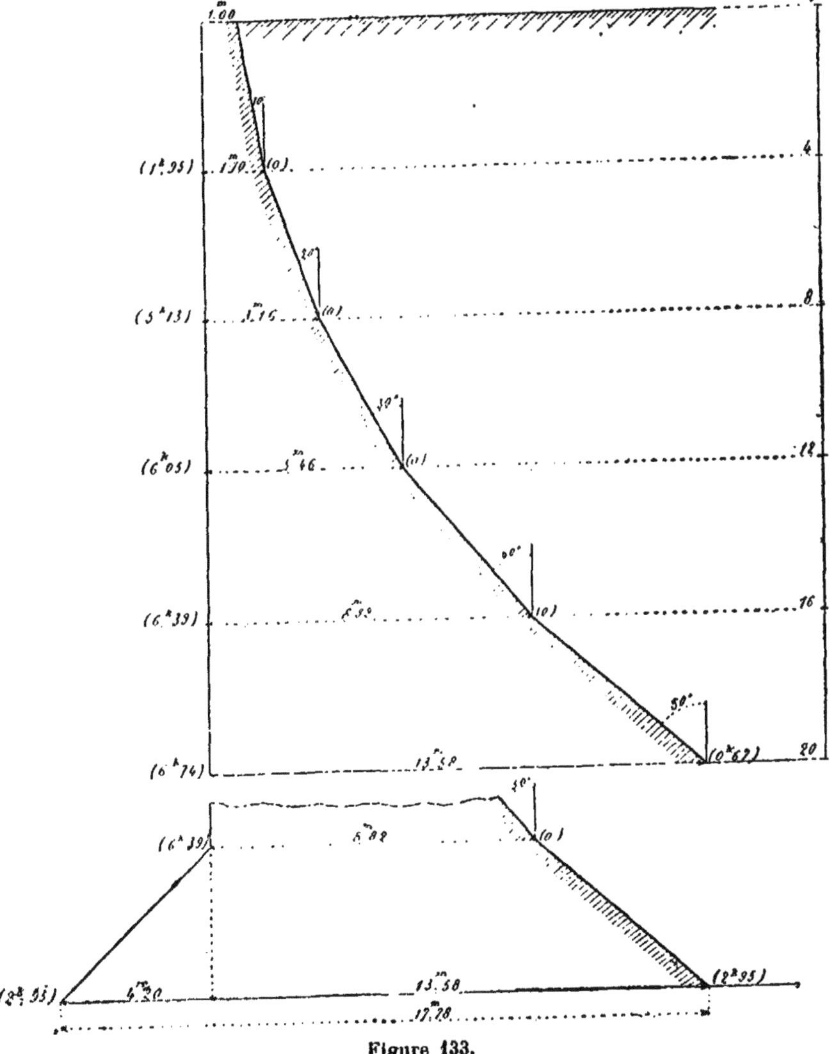

Figure 133.

excessive pour le sol de fondation, il suffirait de donner à la tranche inférieure du mur une saillie de 4 m. 20 sur le parement extérieur vertical pour faire passer la résultante des forces extérieures par le centre de gravité de la base d'appui, et réaliser par suite l'uniformité de pression sur cette base, à raison de 2 k. 95 par centimètre carré.

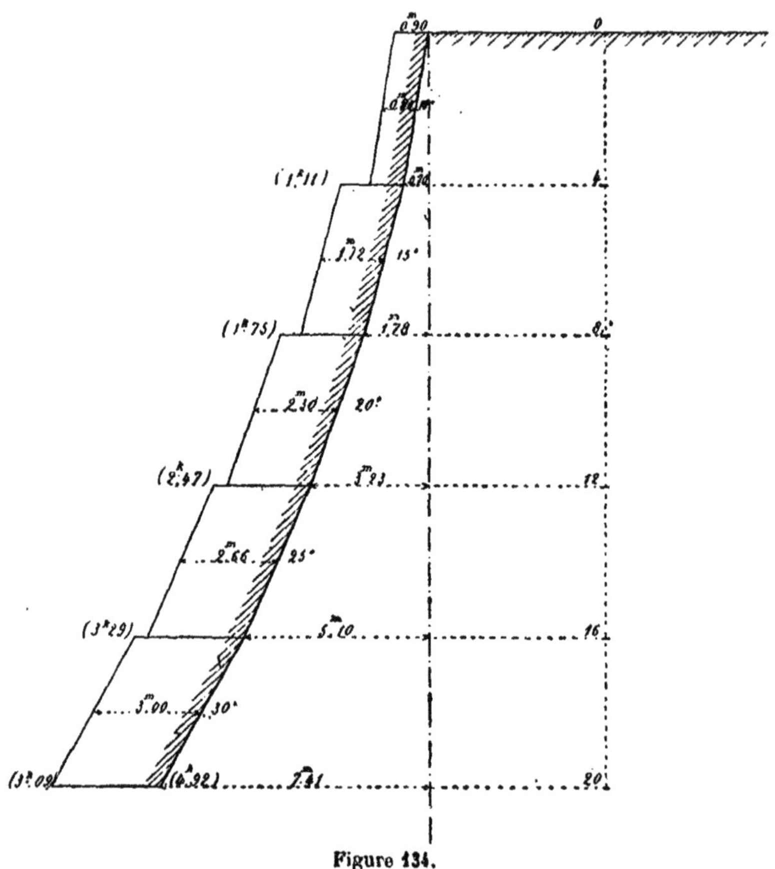

Figure 134.

III. — *Mur de revêtement à parement intérieur en surplomb.* — Les données sont celles du cas précédent. Le mur est également divisé en cinq tranches de 4 m., pour lesquelles l'angle α du parement intérieur a reçu les valeurs successives : — 10°, — 15°, — 20°, — 25° et — 30°.

L'épaisseur constante de chaque tranche a été déterminée par la condition que la résultante des forces extérieures passât par le centre de gravité de la section horizontale inférieure de cette tranche.

Il en résulte que la charge se répartit uniformément sur la section droite de la tranche. Le calcul de la pression a été fait exactement : elle varie de 1 k. 11 à 4 m. au-dessous de la crête, jusqu'à 3 k. 29 à la base de la quatrième tranche.

L'épaisseur de la tranche inférieure est un peu supérieure à celle qu'exigeait la condition précitée, de sorte que, pour la base d'appui, le centre de pression est plus rapproché du parement intérieur que le centre de gravité : la pression, qui atteint 4 k. 92 sur ce parement, n'est que de 3 k. 09 sur l'arête de renversement du mur.

L'épaisseur horizontale du mur varie de 0 m. 90 au sommet, à 3 m. à la base. L'épaisseur moyenne est de 2 m. 12.

Le fruit total du parement extérieur est de 9 m. 51.

On voit que ce mur de revêtement n'a que les $\frac{2}{5}$ du volume du mur de soutènement à parement extérieur vertical dont il a été question précédemment, bien que le travail maximum de la maçonnerie, sur le parement extérieur, soit de 3 k. 09, au lieu de 6 k. 74. La largeur de la base d'appui est de 3 m., au lieu de 13 m. 58.

IV. — Nous avons voulu nous rendre compte de l'erreur que l'on peut commettre dans le calcul d'un mur de soutènement en remplaçant, pour l'évaluation de la réaction du massif, le profil polygonal du parement intérieur par sa corde, et admettant que la terre comprise entre cette corde et la ligne brisée n'intervient que par son propre poids.

Mur à parement extérieur vertical. — Pour l'ouvrage étudié au paragraphe II, le calcul effectué par la méthode de l'article 36 a donné les résultats numériques suivants. Réaction du massif sur le parement intérieur polygonal : Poussée : $Q = 99.144$ k. Composante verticale : $V = 249.750$ k. Moment fléchissant sur la section de base : $\mu = 933.149$ k.

Le calcul sommaire a donné les résultats suivants : Poussée : $Q = 99.900$ k. Réaction verticale du massif : $V = 189.200$ k. Poids de la terre comprise entre le profil polygonal et sa corde : $\pi = 60.000$ k. D'où : $V + \pi = 249.200$ k. Moment fléchissant sur la section de base : $\mu = 939.600$ k.

Il y a donc dans ce cas concordance absolue entre les deux méthodes de calcul, les écarts étant de l'ordre de grandeur des erreurs commises dans la détermination des coefficients numériques de poussée.

Mur de revêtement. — Le calcul exact a donné les résultats suivants :

$$Q = 52.040 \text{ k.} ; V = -11.945 \text{ k.} ; \mu = -13\,500 \text{ k.}$$

Ceux du calcul sommaire sont :

$$Q = 56.400 \text{ k.} ; V = -2.627 \text{ k.}$$

Le poids de la terre comprise entre le polygone du parement intérieur et sa corde est de 24.000 k. Mais ici *ce poids doit être affecté du signe* —, puisqu'en réalité cette surface est occupée non par la terre, mais par la maçonnerie du mur ; d'où : $\pi = -24.000$ k.

$$V + \pi = -26.627 \text{ k.}$$

On a trouvé enfin :

$$\mu = 103.500 \text{ k.}$$

La discordance est ici absolue. Nous en concluons

que si la méthode abrégée est acceptable pour les murs dont le parement intérieur présente un fruit variable (à condition, bien entendu, qu'il s'agisse simplement de vérifier la stabilité pour la section de base), elle doit être proscrite pour les murs dont le parement est en surplomb, parce qu'elle fournit des indications erronées.

V. — *Limite de hauteur d'un mur de soutènement.* — La figure 133 démontre que pour les murs à parement extérienr vertical ou à fruit peu prononcé, la limite de hauteur, pour une valeur donnée du travail maximum à la compression, est atteinte assez vite, de sorte que l'on ne pourrait recourir à ce type pour des ouvrages très élevés.

Par contre, les murs de revêtement avec parement intérieur en surplomb, dont l'inclinaison s'accentue au fur et à mesure que l'on s'abaisse au-dessous de la crête, peuvent atteindre des hauteurs très grandes.

On pourrait étudier un mur d'égale résistance, remplissant les deux conditions suivantes : en chaque section la résultante des forces extérieures passerait par le centre de gravité; le travail uniforme de compression serait constamment égal à une limite de sécurité R arrêtée *a priori*.

Le calcul de cet ouvrage, par tranches successives limitées par des sections droites, serait des plus aisés à faire, en se servant des formules suivantes.

Soient :

α l'angle d'inclinaison sur la verticale relatif au parement intérieur, pour une section déterminée ;

e l'épaisseur du mur, mesurée sur la normale au parement;

P et Q les composantes verticale et horizontale des forces extérieures pour cette section;

D le poids du mètre cube de maçonnerie.

On se donnera arbitrairement l'inclinaison $\alpha' = \alpha + \delta\alpha$ du parement intérieur pour la tranche suivante. Connaissant la distance verticale y de cette section à la crête du mur, on calculera, par la méthode habituelle, la poussée élémentaire q et la composante verticale correspondante $v = q \operatorname{tg}(\theta' + \alpha')$ relatives à cet élément du parement, d'inclinaison α'. Cela fait, on évaluera le surcroît d'épaisseur δe à attribuer au mur, dans la région correspondant à l'angle α', et la distance verticale δy pour laquelle on pourra conserver l'inclinaison α' et l'épaisseur $e + \delta e$, par les deux relations :

$$\delta y = 2 \frac{P \operatorname{tg} \alpha' - Q}{q - v \operatorname{tg} \alpha' - D e \operatorname{tg} \alpha'} ;$$

$$\delta e = \frac{\delta y}{R} (D + q \sin \alpha' + v \cos \alpha').$$

La hauteur de ce mur de revêtement d'égale résistance n'est pas limitée, quelle que soit la valeur admise pour la pression constante R.

Mais il est évident que l'angle α tend vers la limite $-\frac{\pi}{2} + \varphi$, le parement intérieur finissant par avoir l'inclinaison du talus naturel.

Ce type d'ouvrage d'égale résistance correspond à la pile et à la culée, en arc-boutant, que nous avons étudiées dans le second volume du cours de mécanique appliquée (*Stabilité des constructions*. Chapitre V, articles 123 et 125). A ce propos, nous croyons utile de combler ici une lacune de l'article 125 relatif à la *culée d'égale résistance*.

Nous avons établi (article 125, page 550) l'équation

différentielle de l'axe longitudinal de cette culée :

$$x = Q\int_0^y \frac{dy}{\pi} = Q\int_0^y \frac{dy}{\sqrt{(P^2+Q^2)\,e^{\frac{2\Delta y}{R}} - Q^2}}.$$

Nous avons dit par inadvertance que cette équation paraissait difficile à intégrer. En réalité, c'est une opération des plus simples, par une méthode élémentaire et classique.

Posons :

$$\frac{Q^2}{P^2+Q^2} = \beta^2\,;\quad \frac{\Delta}{R} = \alpha\,;\quad e^{\alpha y} = u\,;$$

$$\sqrt{u^2 - \beta^2} = (u+\beta)\,z.$$

L'équation différentielle prend la forme :

$$x = \frac{\beta}{\alpha}\int \frac{du}{u\sqrt{u^2-\beta^2}} = \frac{2}{\alpha}\int \frac{dz}{1+z^2}$$

$$= \frac{2}{\alpha}\,\text{arc tg}\, z + C = \frac{2}{\alpha}\,\text{arc tg}\sqrt{\frac{u-\beta}{u+\beta}} + C\,;$$

et enfin :

$$x = \frac{2R}{\Delta}\,\text{arc tg}\sqrt{\frac{\sqrt{P^2+Q^2}\;e^{\frac{\Delta y}{R}} - Q}{\sqrt{P^2+Q^2}\;e^{\frac{\Delta y}{R}} + Q}}$$

$$- \frac{2R}{\Delta}\,\text{arc tg}\sqrt{\frac{\sqrt{P^2+Q^2} - Q}{\sqrt{P^2+Q^2} + Q}}.$$

On voit que la hauteur de cet arc-boutant est illimitée, car l'abcisse x ne devient pas infinie avec l'ordonnée y.

Pour $y = \infty$, le premier terme de l'équation précédente tend vers la limite finie : $\frac{\pi}{2}\cdot\frac{R}{\Delta}$.

TABLE ANALYTIQUE DES MATIÈRES

Pages

Avant-propos 1

CHAPITRE PREMIER

FORMULES GÉNÉRALES RELATIVES A L'ÉQUILIBRE INTÉRIEUR D'UN CORPS DÉPOURVU DE COHÉSION.

1. Distribution des actions moléculaires autour d'un point dans un plan de symétrie du corps 3
2. Angle maximum de glissement 8
3. Actions moléculaires conjuguées 9
4. Lignes de charge 11
5. Calcul graphique 20
6. Angle de frottement, de rupture, ou du talus naturel des terres. . 26
7. Équilibre limite d'un massif. Lignes de rupture 29
8. Poussée 30
9. Ligne de poussée 32

CHAPITRE DEUXIÈME

ÉQUILIBRE D'UN MASSIF INDÉFINI LIMITÉ PAR UNE SURFACE LIBRE PLANE.

10. États d'équilibre limite 37
11. Épure des lignes de poussée 40
12. Application et discussion des formules d'équilibre limite. 44
13. États d'équilibre intermédiaires. 47
14. Fondations en pleine terre 54
15. Compression préalable du sol. 63

CHAPITRE TROISIÈME

ÉQUILIBRE D'UN MASSIF INDÉFINI LIMITÉ PAR DEUX PLANS.

16. Équation de la ligne de poussée correspondant à l'état d'équilibre inférieur 73
17. Propriétés géométriques de la ligne de poussée 80
18. Épure des courbes de poussée 84

Pages

19. Etat d'équilibre supérieur 88
20. Lignes de rupture. 89
21. Massif limité par deux surfaces libres planes 90
22. Massif limité par une surface libre plane et par un plan invariable 95
23. De l'influence sur l'équilibre intérieur du massif de l'angle de frottement sur le plan du mur. 105
24. Massif compris entre deux plans invariables 108
25. Massif compris entre une surface libre et deux plans invariables divergents. 110
26. Massif compris entre une surface libre horizontale et deux plans verticaux 111
27. Des plans de glissement déterminés dans les couches terrestres par des bancs minces d'argile plastique 114
28. De l'hypothèse du prisme de plus grande poussée 124
29. Des recherches expérimentales sur la poussée des terres 127

CHAPITRE QUATRIÈME

STABILITÉ DES MURS DE SOUTÈNEMENT.

30. Conditions d'équilibre d'un mur de soutènement 135
31. Calcul de la réaction minimum. 141
32 Cas d'un terrain à surface libre accidentée 148
33. Cas d'un terrain formé de bancs superposés 152
34. Cas d'un terrain surchargé 155
35. Cas d'un remblai compris entre deux murs parallèles 156
36. Calcul de la poussée pour un mur à parement polygonal ou courbe 157
37. Circonstances susceptibles de relever la poussée au-dessus du minimum calculé, et précautions à prendre à leur sujet. . . . 160
38. Profils des murs de soutènement 167
39. Murs à contreforts 172
40. Fondation des murs. 173
41. Des causes de dégradation et de ruine des murs de soutènement. 176
42. Des ouvrages de soutènement en bois, en métal ou en ciment armé 179
43. Butée des terres 183
44. Murs d'arrêt. 196

CHAPITRE CINQUIÈME

RENSEIGNEMENTS NUMÉRIQUES.

45. Densité et angle de frottement des terres. 211
46. Calcul des murs de soutènement. Terrains noyés. Coefficients de poussée 222
47. Butée des terres. Coefficients de butée 237
48. Applications numériques de la méthode de calcul des murs de soutènement 239

LAVAL. — IMPRIMERIE PARISIENNE, L. BARNÉOUD & Cie.

ENCYCLOPÉDIE DES TRAVAUX PUBLICS *(suite)*

OUVRAGE D'UN PROFESSEUR A L'ÉCOLE NATIONALE FORESTIÈRE

M. Thiéry. *Restauration des montagnes*, avec une *Introduction* par M. Lechalas père. Vol. de 442 pages, avec 173 figures........ 15 fr.

OUVRAGES DE DIVERS AUTEURS

M. Emile Bourry, ingénieur des Arts et Manufactures. *Traité des Industries céramiques*, 1 vol. Voir *Encyclopédie industrielle*. Cet ouvrage, devenu classique en France, a été traduit en anglais........ 20 fr.

M. Charpentier de Cossigny, ingénieur civil des mines, lauréat de la Société des agriculteurs de France. *Hydraulique agricole*. 2e édit., 1 vol., avec 160 figures..... 15 fr.

M. Degrand, inspecteur général honoraire des ponts et chaussées. *Ponts en maçonnerie* (Voir ci-dessus : *J. Résal*).

M. Drhôme, *Chimie appliquée* (Voir ci-dessus *Durand-Claye*).

M. Doniol, inspecteur général des ponts et chaussées en retraite. *Réglementation des chemins de fer d'intérêt local, des tramways et des automobiles* 1 vol. avec figures.. 10 fr.

M. le Dr Duchesne, ancien président de la Société de médecine pratique. *Hygiène générale et Hygiène industrielle*, ouvrage rédigé conformément au programme du *Cours d'hygiène industrielle* de l'Ecole centrale. 1 vol. de 740 pages, avec figures..... 15 fr.

M. Féret. *Chimie appliquée* (Voir ci-dessus *Durand-Claye*).

M. Henry (Ernest), inspecteur général des ponts et chaussées. *Théorie et pratique du mouvement des terres, d'après le procédé Bruckner*. 1 vol., 2 fr. 50. — *Ponts métalliques à travées indépendantes : formules, barêmes et tableaux* 1 vol. de 639 pages, avec 267 figures, 20 fr. — *Traité pratique des chemins vicinaux*, volume de près de 800 pages (1). 20 fr.

M. Maurice Koechlin, ingénieur. *Applications de la statique graphique*. 1 vol., avec 311 figures et 1 atlas de 34 planches, seconde édition, revue et très augmentée.... 30 fr.

M. Lallemand, ingénieur en chef des mines. *Nivellement de précision* (Voir ci-dessus *Durand-Claye*).

M. Lavoinne. *La Seine maritime et son estuaire*, 1 vol., avec 49 figures.......... 10 fr.

M. Lechalas père, inspecteur général des ponts et chaussées. *Hydraulique fluviale*. 1 vol., avec 78 figures. 17 fr. 50. — *Des conditions générales d'établissement des ouvrages dans les vallées* (Voir ci-dessus : *J. Résal et Degrand*; c'est l'introduction à leur *Traité des Ponts en maçonnerie*).

M. Lechalas fils, ingénieur en chef des ponts et chaussées. *Manuel de droit administratif*. Tome I, 20 fr.; tome II, 1re partie, 10 fr. ; tome II, 2e partie........ 10 fr.

M. Lévy-Lambert, ingénieur civil, inspecteur de l'exploitation à la Compagnie du Nord. *Chemins de fer à crémaillère*. 1 vol., avec 79 figures. 15 fr. — *Chemins de fer funiculaires, Transports aériens*. 1 vol., avec 150 figures........ 15 fr.

M. Leygue, ancien ingénieur auxiliaire des travaux de l'État, agent-voyer en chef de la province d'Oran. *Chemins de fer. Notions générales et économiques*. 1 vol. de 617 pages, avec figures........ 15 fr.

M. E. Pontzen, ingénieur civil (l'un des auteurs de *Les chemins de fer en Amérique*) : *Procédés généraux de construction : Terrassements, tunnels, dragages et dérochements*. 1 vol. de 572 pages, avec 234 figures (médaille d'or à l'Exposition de 1900).... 25 fr.

M. Tarbé de Saint-Hardouin, inspecteur général des ponts et chaussées, ancien directeur de l'Ecole de ce corps. *Notices biographiques sur les ingénieurs des ponts et chaussées*, un vol........ 5 fr.

(1) Le second de ces ouvrages rend très faciles et d'une rapidité inespérée les calculs relatifs aux ponts métalliques à travées indépendantes. — Le troisième est un guide d'une utilité journalière pour les agents-voyers de tout grade ; l'auteur est président de la commission des chemins vicinaux au Ministère de l'Intérieur.

Chaque ouvrage se vend séparément (et aussi chaque volume des ouvrages qui en comprennent plusieurs). Il n'y a pas de numérotage général des volumes formant la collection.

Les ouvrages entrant dans les *Encyclopédies des Travaux publics et Industrielle* sont en vente chez Ch. Béranger, chez Gauthier-Villars, E. Bernard et Cie, etc.

CHIMIE ÉLÉMENTAIRE (P.C.N.)

POUR LES CANDIDATS AU CERTIFICAT D'ÉTUDES PHYSIQUES, CHIMIQUES ET NATURELLES

DEUXIÈME ÉDITION

Par A. JOANNIS

Professeur à la Faculté des Sciences de Paris

Premier fascicule, in-16 de 300 pages avec 95 figures, 3 fr. 50 ; 2e fascicule, 148 pages avec 29 fig., 1 fr. 50 ; 3e fascicule, 264 pages avec 34 fig., 3 fr. 50 ; 4e fascicule, 150 pages avec 23 fig., 1 fr. 50. — Les quatre fascicules ont été réunis en un volume relié de 10 fr. — On continuera *provisoirement* à vendre les fascicules brochés, séparément : 1er, généralités, mécanique chimique, métalloïdes ; 2e, sels, métaux ; 3e, chimie organique ; 4e, analyse chimique. — Ouvrage complet........ 10 fr.

En préparation : **SCIENCES NATURELLES (P. C. N.)**
Sous presse : **PHYSIQUE (P. C. N.)**

(*Voir ci-après l'Encyc. indust. et l'Encyc. agricole*).

Laval. — Imprimerie parisienne, L. Barnéoud & Cie.

www.ingramcontent.com/pod-product-compliance
Ingram Content Group UK Ltd.
Pitfield, Milton Keynes, MK11 3LW, UK
UKHW020315230726
13925UKWH00002B/421